煤炭高等教育“十四五”规划教材

矿山低品位余热废热资源利用概论

主　编　鲍玲玲　王景刚

副主编　翟　宇　罗景辉　吕向阳　张永欢　赵旭

中国矿业大学出版社

· 徐州 ·

内容提要

本书是煤炭高等教育“十四五”规划教材，主要介绍了矿山生产过程中的伴生低品位余热废热资源(如矿井回风、矿井排水、空压机余热、洗浴废热等)的资源潜力评估方法、提取转换技术及性能评价方法等理论知识，以及各种余热废热资源提取利用的工程案例等方面的内容。本书适合煤炭、冶金、热能、土木、化工等学科专业领域的硕士研究生及本科生作为教材使用，也可为相关领域的科研人员和工程技术人员提供参考。

图书在版编目(CIP)数据

矿山低品位余热废热资源利用概论/鲍玲玲，王景刚主编. —徐州：中国矿业大学出版社，2025. 5.
ISBN 978-7-5646-6716-0

Ⅰ. TD98

中国国家版本馆 CIP 数据核字第 2025F78L03 号

书　　名　矿山低品位余热废热资源利用概论
主　　编　鲍玲玲　王景刚
责任编辑　周　红
出版发行　中国矿业大学出版社有限责任公司
（江苏省徐州市解放南路　邮编 221008）
营销热线　(0516)83885370　83884103
出版服务　(0516)83995789　83884920
网　　址　http://www.cumtp.com　**E-mail**:cumtpvip@cumtp.com
印　　刷　苏州市古得堡数码印刷有限公司
开　　本　787 mm×1092 mm　1/16　**印张** 10.75　**字数** 275 千字
版次印次　2025 年 5 月第 1 版　2025 年 5 月第 1 次印刷
定　　价　38.00 元

前　言

能源是人类文明进步的基石，也是全球可持续发展面临的核心议题。在“双碳”目标引领下，我国能源结构正经历深刻变革，节能减排与能源高效利用已成为各行业转型升级的必由之路。矿山作为传统能源生产的重要领域，其生产过程中伴生的低品位余热废热资源长期被忽视，既造成了能源浪费，也加剧了环境的污染。如何科学评估、高效提取并转化利用这些低品位能源，既是矿山绿色发展的迫切需求，也是实现能源梯级利用、构建循环经济体系的关键突破口。

本书立足于国家“十四五”能源发展规划与高等教育改革需求，以“理论创新引领实践应用”为宗旨，系统构建了矿山低品位热能利用技术的知识体系。全书聚焦矿井回风、矿井排水、空压机余热、洗浴废热等典型矿山伴生余热废热资源，从资源特性分析、热力学机理探究、关键技术研发到实际工程案例分析，层层递进，既注重基础理论的深度解析，又强调工程实践的创新突破，展现了技术成果的工业化转化路径，为矿山低碳化改造提供了系统性解决方案。

作为煤炭高等教育“十四五”规划教材，本书在编写过程中突出以下特色：

(1) 学科交叉性：融合热力学、流体力学、安全工程学、材料科学与环境工程等多学科理论，构建了矿山余热利用的复合知识框架。

(2) 技术前沿性：涵盖重力式热管、间壁式换热、喷淋式换热等矿井回风余热利用新技术，将矿井排水、空压机余热、洗浴废水等低温余热与热泵技术相结合，将不可以直接利用的低品位能源转化为高品位能源，创新矿井排水、空压机余热、洗浴废水等低温余热的利用方式。

(3) 教学实用性：全书针对矿井回风、矿井排水、空压机余热、洗浴废热等典型矿山伴生余热废热资源，既有余热资源特性分析、热力学机理探究，又有关键技术研发、实际工程案例分析，理论与实际相结合，便于学生对知识的掌握。

本书由八章构成，第1章概述了矿山低品位余热废热资源；第2章介绍了矿山余热废热取用方式及可用量计算；第3章介绍了矿山余热换热器的原理和设计；第4章介绍了热泵技术;第 5 章介绍了矿井排风热能利用技术及工程案例;第 6 章介绍了矿井排水热能利用技术及工程案例;第 7 章介绍了空压机余热利用技术及工程案例;第 8 章介绍了矿井洗浴废水热能利用技术及工程案例。

本书适合煤炭、冶金、热能、土木、化工等学科专业领域的硕士研究生及本科生作为教材使用,也可为相关领域的科研人员和工程技术人员提供参考。在编写过程中,我们得到了河北工程大学、中国矿业大学(北京)、北京中矿赛力贝特节能科技有限公司等单位的鼎力支持,在此深表谢忱。本书的出版得到了河北工程大学校企合作开发教材建设项目(JC2325057)和河北工程大学研究生教材建设基金的资助。

低品位热能利用技术正处于快速发展阶段,由于作者水平有限,书中难免存在不足之处,恳请专家学者与读者不吝指正。期待本书能成为点燃矿山绿色变革的思想火种,为培养新时代能源科技人才、推动矿业可持续发展贡献绵薄之力。

编　者

2025 年 1 月

目 录

第1章 矿山低品位余热废热资源概述

1.1 国家能源现状与低品位能源

1.1.1 能源概述

1.1.1.1 能源概念及分类

能源是指能够直接或间接提供能量的物质资源。能源是人类社会生存的基础，能源的开发和利用是人类社会发展的动力，开发和利用水平又是人类社会文明的重要标志之一。回顾人类的历史，可以看出，能源和人类社会的发展密切相关。从原始的人力、畜力、水力、柴薪燃料的使用到今天化石燃料（煤、石油、天然气）的大量开采以及核能和各种新能源的开发，能源的利用极大地促进了人类社会的发展。

按照不同的标准，能源可以有不同的分类形式，以下是一些常见的能源种类。

1. 化石能源

化石能源是指煤炭、石油、天然气等这些埋藏在地下和海洋中不可再生的碳氢化合物或其衍生物，由古代生物的化石沉积而来，属于一次能源。化石能源最大的优点是能量密度高，最大的缺陷是单位热值碳排放高、污染物排放量大且不可再生。

（1）煤炭：植物埋藏在地下经历复杂变化逐渐形成的固体可燃性矿物，主要用于发电、工业加工和家庭供暖等。

（2）石油：气态、液态和固态的烃类混合物，具有天然的产状，主要用于交通运输、工业生产和化学工程等领域。

（3）天然气：天然蕴藏于地层中的烃类和非烃类气体的混合物，常用于发电、供暖、工业和家庭日常。

2. 可再生能源

可再生能源是指在自然界中可以不断再生、取之不尽、用之不竭的资源，对环境无害或危害极小，而且资源分布广泛，适宜就地开发利用。可再生能源主要包括太阳能、风能、水能、地热能等。

（1）太阳能：通过太阳光辐射产生的能量，可以转化为电力或热能。

（2）风能：空气流动做功产生的机械能，可通过一定条件转化为电力。

(3) 水能:指水的势能和动能,一般转换成电能,包括水电和潮汐能。

(4) 地热能:来自地球内部熔岩,由地壳抽取的天然热能,通常用于供暖或发电。

3. 新兴能源

新兴能源又称非常规能源,是指传统能源之外的各种能源形式,是以可再生能源或理论上用之不尽的能源为主的,具有较高的环境保护效益的能源。新兴能源由于具有能量密度较小、品位较低、存在间歇性、按已有的技术条件转换利用经济性差等特点,目前还处于研究发展阶段,只能因地制宜地开发和利用,例如生产生活余热废热、潮汐能、水合物能源等。

综合而言,每种能源都具有自己的优势和限制。在能源供给和消费的选择上,往往需要综合考虑能源的可持续性、环保影响、经济性等因素。随着科技的不断发展,人们也在不断探索新的能源利用技术,以满足未来能源需求并减少对环境的影响。

1.1.1.2 能源利用形式

蕴藏在能源中的能量通过一定的方式得以释放或转化,被应用于人类的生产、生活的各个领域,因此能源的利用形式呈现出多样性的特点。

从能源使用的角度看,人类直接使用最多的能源是热能和电能,也可以说,人类对其他能源利用的主要目的是使其转化为热能或电能。

热能是最普遍也是最早应用的能量形式,有来自太阳、地热等直接获取的能量,也有通过燃料能源获取的能量。人类对热能的利用技术是目前最成熟的能源利用技术之一,通过多种形式将不同品质的热能应用于几乎所有的领域,应用范围非常广泛。此外,热能是发电过程中用以转化为电能的主要能源形式。

在人类的日常生活生产中,最普遍的能源利用形式是电能。电能是一种高品质能源,可以直接快速地转化为热能、动能、化学能等多种形式能源。虽然电能易于控制,利用形式多样,使用方便,几乎所有的行业领域都需要电能;但电能属于二次能源,不能直接从自然界中获得,需要由其他能源转化,目前常用火力、水力、核能等形式发电产生电能。

对于矿物能源来说,如煤炭、石油、天然气、氢气等,主要是通过燃烧释放蕴含的化学能,进而生成热能或电能。近些年来出现了许多新技术,实现了将化学能或电磁能直接转化为电能,如燃料电池技术、磁流体发电技术等都可以把燃料的化学能直接转化为电能,效率比把化学能转化为热能、再利用热能来发电要高得多。

太阳能的利用主要有两种形式,即光热转换和光电转换。光热转换是先把太阳能转化为热能加以利用,如太阳能热水器等。光电转换是利用光伏电池,把太阳能直接转化为电能,光电转换效率较光热转换效率更高,但是目前光伏电池的成本较高,限制了它的应用。

水能和风能是人类很早以前就开始利用的能源,但仅限于舂米、磨面等小规模生活场景应用。在现代技术条件下,水能、风能的主要利用形式是水力发电和风力发电。

对核能的利用,目前主要是通过核裂变来发电。未来的趋势是受控核聚变,它是一种资源丰富、清洁的新能源,将会成为人类社会未来最主要的能源形式之一,目前处于实验阶段。

能源利用手段及形式的发展是科技水平提高的重要标志。在当前全球面临能源危机的情况下,对能源利用形式需要不断研究与开发,特别是立足"节能"的思路,研究开发出能源利用及转化设备等产品,是能源可持续发展的一条重要途径。

1.1.1.3 国内能源供给与消费

能源供给是指为满足工业、商业、居民生活等各个领域的能源需求,所采取的能源资源开发、生产、传输和分配的过程。能源供给对于国家的经济、社会和环境发展都具有重要影响。

1. 国内能源供给

煤炭：我国是世界上最大的煤炭生产和消费国之一。时至今日，煤炭仍然在我国的能源结构中占据着重要地位，同时，政府正在逐步减少煤炭的比例，以减少污染和碳排放。

石油和天然气：长期以来我国依赖于进口大量的石油和天然气来满足经济发展和改善民生的能源需求，政府在鼓励国内石油和天然气生产的同时，也在推动清洁能源的发展。

可再生能源：太阳能和风能的利用比例在我国的能源供给中不断增加。政府出台了一系列政策和激励措施，鼓励可再生能源的发展，以应对环境问题和能源安全挑战。

核能：我国正在积极发展核能产业，以逐步减少对化石燃料的依赖。核电站的建设和核能技术的研发正在有序推进，受到越来越多的重视。

2. 能源消费现状

我国能源消费现状可以从以下几个方面加以介绍。

工业消费：工业部门是我国能源消费的主要组成部分，尤其是重工业领域；在制造业和建筑业等领域，需要大量的电力和燃料作为能源供给。

交通消费：基于经济的高速发展需求，交通领域的能源消费也在迅速增加，特别是私家车的日益普及极大地带动了对石油的巨大需求。

城镇居民生活：随着我国城镇化的加速推进，居民生活对电力、天然气和取暖等能源的需求逐步增加。

农业和农村地区：一部分为农业能源消耗，主要用于农田灌溉、机械化作业等；另一部分主要集中于农村地区的生活和取暖需求。

总体而言，我国在能源领域正朝着多样化、清洁化和可持续性的方向发展。政府的一系列政策举措对于能源供给和消费格局的塑造起到了重要作用，为了应对气候变化和环境问题，我国在能源转型方面取得了一些进展，但仍面临着诸多挑战。

1.1.1.4　我国能源结构的发展历程

我国的能源结构发展经历了多个阶段，从传统生物能源的使用到煤炭为主导能源的时代，再到如今多元化的能源结构，如图 1-1 所示。以下是我国能源发展的几个主要阶段。

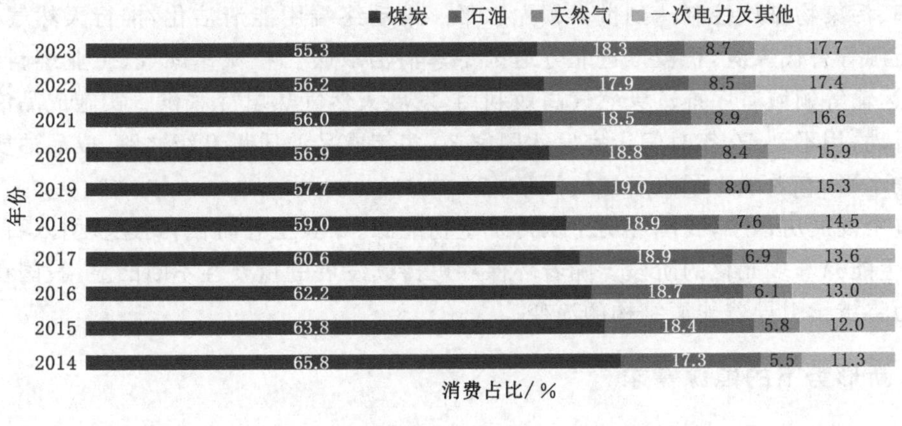

图 1-1　中国能源消费结构图（2014—2023 年）

（数据来源：国家统计局）

1949 年前：在中华人民共和国成立之前，我国主要依赖于传统生物能源，如木材、秸秆等，这些主要用于农业和生活。

1950—1970 年：在这个时期，我国开始大规模开发煤炭资源，以满足国内工业化和城市化的需求。煤炭成为主要的能源来源，但也导致了环境污染和资源浪费问题的发生。

1980—1990 年：在经济改革开放的背景下，我国逐渐推进了能源多元化的方向。石油、天然气和水电等新能源得到了更多的关注。

2000—2020 年：我国逐步加大了可再生能源的发展力度，特别是风能和太阳能发电。政府出台了一系列政策以促进可再生能源装机容量的增加，减少对煤炭的依赖。

2020 年以来：随着"双碳"战略的发布，能源消费结构向清洁低碳方向加快转变，我国的能源结构持续向绿色能源转型。2020 年，我国的可再生能源消费增加 15%，煤炭消费比重则从 2012 年的 68.5%降至 56.0%；可再生能源发电装机容量突破 10 亿 kW，占总发电装机容量的 44.8%，其中水电、风电、光伏发电装机容量均超 3 亿 kW，均居世界第一。由图 1-2 可知，可再生能源消费总量由 2014 年的 42.83 亿 t 标准煤增长到 2023 年的 57.2 亿 t 标准煤。

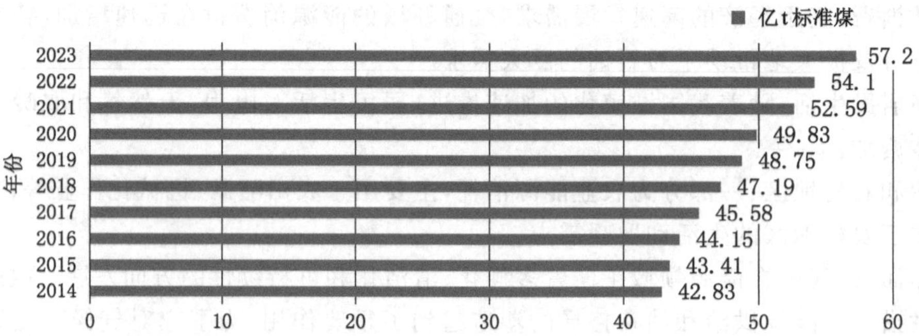

图 1-2　2014—2023 年中国可再生能源消费总量

为提高化石能源清洁高效利用水平，以促进煤电清洁低碳发展为目标，开展煤电节能降碳改造、灵活性改造、供热改造的"三改联动"，新增煤电机组执行标准更加严格。节能标准、发电效率、污染物排放控制达到世界领先水平。推动终端用能清洁化，推行天然气、电力和可再生能源等替代煤炭，积极推进北方地区冬季清洁取暖。在城镇燃气、工业燃料、燃气发电、交通运输等领域有序推进天然气高效利用，发展天然气热电冷联供。实施成品油质量升级专项行动，用不到 10 年时间走完发达国家 30 多年成品油质量升级之路，成品油质量达到国际先进水平，有效减少了汽车尾气污染物排放。

在整个发展历程中，我国经历了从传统生物能源、煤炭主导时代，到逐步引入石油、天然气、可再生能源等多元化的阶段。随着环保和可持续发展的重要性不断凸显，我国在能源领域的努力将持续引导着能源结构的演变。

1.1.2　新形势下的能源需求

1.1.2.1　"双碳"背景

党的十八大以来，我国发展进入新时代，我国的能源发展也进入新时代。面对能源供需格局新变化、国际能源发展新趋势，党中央从保障国家能源安全的全局高度，提出“四个革命、一个合作”的能源安全新战略，为新时代我国能源发展指明了方向，开辟了中国特色能源发展新道路。我国坚持创新、协调、绿色、开放、共享的新发展理念，以推动高质量发展为主题，以深化供给侧结构性改革为主线，全面推进能源消费方式变革，构建多元清洁的能源供应体系，实施创新驱动发展战略，不断深化能源体制改革，持续推进能源领域国际合作，我国能源进入高质量发展新阶段。

面对气候变化、环境风险挑战、能源资源约束等日益严峻的全球问题，我国树立人类命运共同体理念，促进经济社会发展全面绿色转型，在努力推动本国能源清洁低碳发展的同时，积极参与全球能源治理，与各国一道寻求加快推进全球能源可持续发展新道路。习近平总书记在第七十五届联合国大会一般性辩论上宣布，中国将提高国家自主贡献力度，采取更加有力的政策和措施，二氧化碳排放力争于 2030 年前达到峰值，努力争取 2060 年前实现碳中和。我国的“3060”双碳目标，是按照《巴黎协定》的规定提出的国家自主贡献强化目标。面向 21 世纪中叶的长期温室气体低排放发展战略，是党中央经过深思熟虑做出的重大战略决策，也是作为一个有责任、有担当的大国在应对气候变化时对全人类的庄严承诺。“双碳”目标表现为温室气体排放水平由快到慢不断攀升、在年增长率为零的拐点处波动后持续下降、直到人为排放量和吸收量相抵。碳达峰，是指碳排放量达到峰值，即二氧化碳排放总量在某一个时期达到历史最高值，之后逐步降低。其目标为在确定的年份实现碳排放量达到峰值，形成碳排放量由上涨转向下降的拐点。

碳中和，即为二氧化碳净零排放，指的是人类活动中二氧化碳的排放量与二氧化碳吸收量在一定时期内达到平衡。其中人类活动排放的二氧化碳包括化石燃料燃烧、工业过程排放、农业及土地利用活动排放等，人类活动吸收的二氧化碳包括植树造林增加碳吸收、通过碳汇技术进行碳捕集等。

碳中和有两层含义，狭义上是指二氧化碳的排放量与吸收量达到平衡状态，广义上理解为所有温室气体的排放量与吸收量达到平衡状态。其机理是通过调整能源结构、提高资源利用效率等方式减少二氧化碳排放，并通过碳的捕集、利用与存储（CCUS）、生物能源等技术及造林/再造林等方式增加二氧化碳吸收。

碳达峰是碳中和实现的前提，碳达峰的时间和峰值高低会直接影响碳中和目标实现的难易程度，其机理主要是控制化石能源消费总量、控制煤炭发电与终端能源消费、推动能源清洁化与高效化发展。

“双碳”目标的提出将把我国的绿色发展之路提升到新的高度，成为我国未来数十年内社会经济发展的主基调之一。“碳达峰、碳中和”的“双碳”目标关系到中华民族永续发展和构建人类命运共同体的大事。

“双碳”目标提出后，我国现阶段可再生能源开发利用规模居世界首位。截至 2022 年，我国可再生能源发电总装机容量 12.13 亿 kW，占全部电力装机容量的 47.3%；其中，水电装机容量 4.13 亿 kW（含抽水蓄能 0.45 亿 kW）、风电装机容量 3.65 亿 kW、太阳能发电装机容量 3.93 亿 kW、生物质发电装机容量 4 132 万 kW，均位居世界首位。太阳能热水器集热面积累计达 6.28 亿 m^2，浅层和中深层地热能供暖建筑面积超过 11 亿 m^2。

风电、光伏发电设备制造形成了完整的产业链，技术水平和制造规模处于世界前列。根据中国光伏行业协会数据，2020 年我国多晶硅产量约 39.6 万 t，同比增长 15.8%；硅片产量

161 GW,同比增长 19.7%;电池片产量 135 GW,同比增长 22.2%;组件产量 125 GW,同比增长 26.4%。截至 2023 年年底,风电设备累计装机超过 19.5 万台,装机容量共计 47 460 万 kW,同比增长 20%,其中:陆上累计装机容量 43 690 万 kW,占全部累计装机容量的92.1%;海上累计装机容量 3 770 万 kW,占全部累计装机容量的 7.9%。风电整机制造占全球总产量的 65%,已成为全球风电设备制造产业链的重要地区。

1.1.2.2　现阶段能源需求

实现碳达峰、碳中和是一场广泛而深刻的社会经济变革。“双碳”目标的提出,是新能源面临的机遇,然而新能源受自然条件限制很大。作为发展中国家,我国目前仍处于新型工业化、信息化、城镇化、农业现代化加快推进阶段,实现全面绿色转型的基础仍然薄弱,生态环境保护压力尚未得到根本缓解,这是我们目前面临的挑战。当前我国距离实现碳达峰目标已不足 10 年,从碳达峰到实现碳中和目标仅有 30 年左右的时间,与发达国家相比,我国实现“双碳”目标,时间更紧、幅度更大、困难更多。

1. 国内整体能源结构绿色低碳化

截至 2024 年 3 月底,我国可再生能源发电装机总规模达到 15.85 亿 kW,同比增长 26%,约占我国总装机的 52.9%,其中,风电和光伏发电之和突破 11 亿 kW。2024 年一季度,我国可再生能源发电量达 6 875 亿 kW·h,约占全部发电量的 30.7%;其中,风电光伏发电量达 4 253 亿 kW·h,同比增长 25%。由 2023 年统计公报指出,煤炭消费量占能源消费总量的比重为 55.3%,比 2022 年下降 0.7 个百分点;天然气、水电、核电、风电、太阳能发电等清洁能源消费量的比重为 26.4%,上升 0.4 个百分点。

国务院新闻办公室 2023 年 1 月 19 日发布的《新时代的中国绿色发展》白皮书指出,中国立足于能源资源禀赋,坚持先立后破、通盘谋划,在不断增强能源供应保障能力的基础上,加快构建新型能源体系,推动清洁能源消费占比大幅提升,能源结构绿色低碳转型成效显著。

2. 可再生能源实现稳定供给

现有可再生能源的供给现状存在一定的制约性:风电、光伏、光热、地热、潮汐能等可再生能源从自身技术特性来看,受限于昼夜和气象条件等不可控的自然条件,存在较大的不确定性;生物质能由于供应源头分散,原料收集困难,农作物生长季节周期性明显,难以成为稳定主流能源形势;核电目前依然存在核燃料资源限制和核安全问题。

在“双碳”目标下,我国能源系统的转型很长一段时间内依然要发挥煤电的兜底作用,以保证电力供应的稳定性、安全性和经济性。同时,我国尚未建立全国性的电力市场,电力长期以省域平衡为主,跨省跨区配置能力不足,严重制约了可再生能源大范围优化配置。在高比例新能源并网目标下,新能源电力大范围消纳问题仍不容小觑,消纳形势依然严峻,新能源电力过剩风险会随着装机攀升相应突显。从化石能源向可再生能源转变,需要在技术装备、系统结构体制机制、投融资等方面进行全面变革。深度脱碳技术成本高且不成熟,与发达国家相比,我国要实现“双碳”目标,还存在巨大的压力与挑战。

3. 关键技术发展需突破

从科技创新的角度看,我国低碳、零碳、负碳技术的发展尚不成熟,各类技术系统集成难,环节构成复杂,技术种类多,成本昂贵,亟须系统性的技术创新。低碳技术体系涉及可再生能源、负排放技术等领域,不同低碳技术的技术特性、应用领域、边际减排成本和减排潜力差异很大。

我国脱碳成本曲线显示，可再生能源电力可为我国最初约 50%的人类活动温室气体排放低成本脱碳，年度减排成本估算值约为 2 200 亿美元。可再生能源电力的发展对诸多行业(包括发电和其他需要电气化的行业)减排提供支撑，而且在中长期内对制备“绿色”氢能十分关键。在达到 75%脱碳后，曲线将进入“高成本脱碳”区间，实现 90%脱碳的年成本可能高达 1.8 万亿美元。如果仅延续当前政策、投资和碳减排目标，现有低碳、零碳和负碳技术难以支撑我国到 2060 年实现碳中和。被寄予期望的碳捕集、利用与存储技术，成本十分高昂，动辄数亿元甚至数十亿元的投资和运行成本以及收益的不足，严重制约了相关项目的顺利建设。

1.1.3　低品位能源

作为新兴能源的一种，低品位能源能量赋存量大、利用成本较高，长久以来没有引起足够的重视，在能源结构转型加快的当下，低品位能源的利用应得到越来越多的关注。

1.1.3.1　低品位能源

品位，是用来衡量不同温位的热能转化为功的能力，温差越大，则能量的品位越高，反之，品位越低。能源品位，即能源可利用于不同领域的能力，能源可利用的领域越宽，品位越高。化工热力学认为，对能量的配置应按照品位进行级配，实现低品位能源用于低端领域、高品位能源用于高端领域。

在满足能源领域某些基本要求(如热值要求、排放标准)的前提下，尽量使用低品位能源，避免高品位能源用于低端领域，在达到保障应用效果的前提下，更好地以低廉、供应充分的不同品位能源来满足不同消费的目的。目前，公开的文献中，把温度低于 200 ℃的热能认为是低品位热能，这种热能无论是在自然界还是工业领域内都是广泛存在的。例如在自然界，太阳能、地热能、海水温差能等都可被归为低品位能源；在工业领域，这种热能更为常见，例如锅炉排烟废热、钢厂冲渣水余热、矿山余热废热等。

1.1.3.2　低品位能源的来源及特点

低品位能源主要来源于新能源和可再生能源，如太阳能、地热能、海洋温差能、潮汐能、风能、生物质能等；二次能源，如工业生产余热、废热等。目前，50～80 ℃范围的热能可直接用作制冷机(吸附式、吸收式制冷)的驱动源或用来进行加热、干燥等；30～50 ℃范围的热能则是通过热泵进行能效提升。有些低品位能源是在一定经济技术条件下，在能源利用设备中没有被利用的能源，也就是多余、废弃的能源。

低品位能源中余热包括高温废气余热、冷却介质余热、废气废水余热、高温产品和炉渣余热、化学反应余热、可燃废气废液和废料余热以及高压流体余热等。这些热能不利用会造成环境污染和极大的能源浪费，但利用又很困难。由于这些能源的能量转化能力较低，必须利用科技手段才能持续提供能量，因而目前尚未得到广泛有效使用，有待科学技术的发展使之成为更经济有效的开发能源。因此，低品位能源特点是“数量”巨大，但“质量”较差。

1. 太阳能

我国是太阳能资源最丰富的国家之一。每年，我国陆地单位面积接收的太阳能辐射量

为 $33\times10^3\sim84\times10^3$ MJ/m^2，相当于 24×10^4 亿 t 标准煤的储量。全国总面积三分之二以上的地区，年日照时数超过 2 000 h，太阳辐射量为 5×10^3 MJ/(m^2 · a)。目前，对于太阳能的利用，主要有两种手段，即太阳能光伏发电和太阳能热利用。在太阳能光伏发电领域，无论是光伏发电技术还是光伏发电的装机容量，我国均已走在世界前列；但太阳能热利用还处于一个比较低的水平。目前我国太阳能热利用主要集中于供热或生活用水。对于非采暖季节或只是生活用水的情况，大部分太阳能所产生的热量被浪费，这部分太阳能产生的热量因其分布分散、品位较低、量比较小的特点而难以被利用。

2. 地热能

我国地热能资源非常丰富，约占世界地热能资源的 1/6。其中浅层地热能资源量相当于95 亿 t 标准煤，每年可利用量相当于 3.5 亿 t 标准煤。地热能绝大部分都是直接利用，比如用于采暖、洗浴、种植养殖等。正由于直接利用的单一性，增加了其利用的局限性。以采暖为例，在春、夏、秋三非供暖季时，地热井被闲置，一方面提高了供热成本，另一方面也降低了地热能资源的可利用率。

需要因地制宜推广空气源热泵、水源热泵、蓄热电锅炉等新型电采暖设备。

3. 工业余热废热

我国工业能源消费占全国能源消费总量的 70%左右，而世界各国工业能源消费只占到总能源消费的三分之一。虽然这与我国巨大的人口基数以及社会发展阶段有关，但是能源利用效率低也是造成工业用能居高不下的一个主要原因。相比于发达国家 50%以上的能源利用率，我国的能源利用率只有 33%左右，这使得我国的工业余热以各种形态、各种品质广泛存在于各个行业中。由此可见，工业余热的利用是提高我国能源利用率和降低单位 GDP 能耗的重要途径。

我国工业余热的现状是：广泛存在且资源丰富；回收利用率低且大多针对高温工业余热进行回收利用；中低温工业余热利用手段比较单一，多为换热直接利用。

总而言之，我国的低品位能源现状是：资源丰富，可开发潜力巨大；与之相对的是，对低品位能源的利用总体仍处于较低水平。

1.1.3.3 低品位能源利用技术

低品位能源利用技术不仅能够提升如石油、天然气、煤炭等一次能源的利用效率，还可用于太阳能、地热能等可再生新能源的开发。目前，低品位能源利用的途径可以总结为 3 种，即换热利用、能质提升利用、能质转化利用。一般可根据可利用低品位能源的温度品质划分为以下 3 种：① 换热利用方式：40 ℃以上，如采暖，供热等；② 能质提升利用方式：<40 ℃，如热泵技术；③ 能质转化利用方式：150 ℃以上，如低温发电。

1. 换热利用技术

低温能源的换热利用，即低温能源通过换热器或余热装置加热冷媒（如冷却水、空气、物料等），然后以冷媒为热载体，把低温能源输送至用户端。例如，锅炉中的省煤器和空气预热器，利用锅炉的尾气分别对供水和空气进行加热，既降低了燃料消耗，提高了锅炉效率，又降低了排烟温度。这种低温能源利用方式是目前应用最广泛、效率较高、经济性最好的一种。其特点是不改变能量形式，所用设备结构简单可靠；但由于换热温差的存在，低温能源的品位也随之降低。同时，这种利用方式局限性较大，一般只适用于低温能源品位相对较高、而用户侧对温度要求不高的场合。目前，余热直接换热利用已经被广泛用于生产工艺过程加热、生活供热、污泥矿渣的烘干等领域。需要说明的是，如果低温能源经过换热利用技术能够满足用户侧需求，那么，应首选该技术来利用低温能源。

2. 能质提升技术

能质提升技术是以消耗高品位能源为代价，提高低温能源品质的一种技术。热源的品质高低是由其温度偏离环境温度的程度来决定的，如制冷系统产生的冷能，也属于高品质能源。目前低温能源的能质提升技术主要包括：吸收式制冷技术、有机工质喷射式制冷技术、吸收式热泵技术、机械压缩式热泵技术。

(1) 吸收式制冷技术

吸收式制冷技术即利用低温能源作为驱动热源，采用二元或多元溶液作为工质，以溶液中的低沸点组分作为制冷剂，通过其蒸发作用产生冷能，以高沸点组分作为吸收剂，完成对制冷剂的吸收和解吸。目前最常用的工质为“氨-水”二元溶液和“水-溴化锂”二元溶液。

(2) 有机工质喷射式制冷技术

喷射式制冷技术是以喷射器为核心部件，以热能作为驱动热源，以制冷为目的的一种制冷技术。目前实际应用的案例绝大多数都是以水为工质，但是以水为工质的系统对驱动热源要求较高，且制冷温度为 0 ℃以上时，应用范围受到较大限制。而随着对低温能源利用越来越重视，为了克服以水为工质的喷射式制冷技术的缺点，以低沸点有机物为工质的喷射式制冷技术受到了广泛的关注，具有结构简单、运动部件少、运行稳定等优点。目前，其应用于太阳能制冷的潜力受到广泛重视，并吸引了众多科研人员对其进行深入研究。

(3) 吸收式热泵技术

吸收式热泵技术的原理同吸收式制冷技术是相近的，目前吸收式热泵技术主要分为两类：第一类称为增热型吸收式热泵，利用少量相对高温的热能作为驱动热源，把在低温热源中吸收的热能转换为大量的中温有用热能；第二类称为升温型吸收式热泵，以大量的低温能源作为驱动热源产生少量高温热能。第一类吸收式热泵的性能系数大于 1，一般为 1.65～1.85，多用于热力管网的扩容以及热电厂的热电联供系统。第二类吸收式热泵的性能系数总是小于 1，一般为 0.4～0.5，多用于存在大量中低温能源且需求高温热能的场所。如化工厂的精馏工艺中，精馏塔顶往往会产生低温余热，这些热量需要被冷却，而塔底却需要高温热能，此时，利用第二类吸收式热泵来吸收塔顶的低温余热，同时输出塔底需要的高温热能。

(4) 机械压缩式热泵技术

机械压缩式热泵技术的原理是以消耗机械功为代价，把在低温热源吸收的低品质热能提升至较高品质。目前与吸收式制冷技术和吸收式热泵技术相比，机械压缩式热泵技术是应用最广泛、技术最成熟的一种低温能源利用技术。按照热源形式不同，机械压缩式热泵可以分为空气源热泵、地源热泵、水源热泵等。机械压缩式热泵技术应用范围最广、最早的领域是民用供暖，而随着高温热泵和超高温热泵技术的出现，目前已有越来越多的压缩式热泵技术被应用于工业余热回收领域，以降低一次能源的消耗。

对比上述 4 种低品位能源利用技术，吸收式制冷技术和吸收式热泵技术的工质环保性能更好，不存在对大气臭氧层的破坏。吸收式制冷技术、有机工质喷射式制冷技术和吸收式热泵技术都是热源驱动的，对机械功或电能的依赖程度较小，比较适用于电力比较匮乏的场所；而且其部件结构相对简单，相对于压缩式热泵的压缩机而言，其维护更加容易。需要指出的是，吸收式热泵的性能系数较低，温度提升能力差，且多为大容量热泵，对于中小型负荷的场所，其经济性与可靠性不如机械压缩式热泵。

3. 能质转化技术

能质转化技术是指把低品位热能转化为高品位电能或机械能的技术。相比于换热利用和能质提升两种方式，能质转化利用方式改变了能量的种类，其输出能量为电能或机械能，能量品位更高，应用范围更广且输送更容易，损耗更小。尤其是在新能源开发和工业余热回收领域，能质转化技术受到了国内外学者的广泛重视。目前，比较受关注的低温能质转化技术主要有基于有机朗肯循环(organic Rankine cycle,ORC)的低温发电技术和基于卡琳娜循环(Kalina cycle)的低温发电技术，除此之外，闪蒸发电技术、半导体温差发电技术也逐渐引起越来越多研究人员的重视。

(1) 基于有机朗肯循环的低温发电技术

基于有机朗肯循环的低温发电系统简称 ORC 低温发电系统，其以低温热能为驱动热源，以电能为输出产品。ORC 低温发电系统由蒸发器、膨胀机、发电机、冷凝器和工质泵等基本部件构成。按照系统内蒸发器产生的蒸汽状态，可以把 ORC 低温发电系统分为跨临界低温发电系统和亚临界低温发电系统。虽然跨临界低温发电系统可以降低换热过程中的不可逆损失，提高系统热效率，但是跨临界低温发电系统较高的工作压力限制了其推广应用，所以亚临界低温发电系统以其低成本、高可靠性等优点成为应用最广泛、技术最成熟的低温发电系统。

(2) 基于卡琳娜循环的低温发电技术

卡琳娜循环是由 Alexander Kalina 博士于 1983 年提出的，该系统以“氨-水”混合物为工质，以低温能源为驱动热源，可认为是对水蒸气朗肯循环的改进，即利用“氨-水”混合物代替了单一工质“水”。由于“氨-水”混合物饱和温度在蒸发过程中是不断变化的，其与热源之间的换热温差小于水与热源之间的换热温差，降低了换热过程中的不可逆损失，提高了热源的利用率，能够充分改善循环性能。理论上，在利用显热形式的低温热源方面，卡琳娜循环具有较高的效率，但是其结构复杂，对于系统密封性要求极高。这些特点限制了其实际应用的能力，从公开文献看，目前我国还没有卡琳娜循环低温发电技术的工业应用案例，对其系统的研究仍处于理论和实验阶段。

(3) 闪蒸发电技术

闪蒸发电技术是指具有一定压力的水突然降压时会产生一定量的饱和水蒸气，然后这部分水蒸气进入汽轮机做功，输出膨胀功。目前闪蒸发电技术已经被应用于地热发电、工业余热回收利用等领域。该技术的优点是系统比较简单，部件成熟度高，特别适合 200～300 ℃的尾气余热回收。其缺点是：① 低压蒸汽比容较大，使得蒸汽管道、汽轮机尺寸相应较大，故初始投资较高；② 当蒸汽中存在较多不凝性气体时，需要消耗较多的电能来维持系统中的真空度，故自耗电较高；③ 国产适用于多级闪蒸系统的补汽式汽轮机技术不成熟，导致目前我国大部分闪蒸发电系统采用单级闪蒸发电，效率较多级闪蒸系统低。

(4) 半导体温差发电技术

半导体温差发电技术是基于热电材料赛贝克效应(Seebeck effect)发展起来的发电技术。两种不同导体构成回路，当这两种导体的节点处于不同温度时，回路中就会产生一个电动势。这种发电系统的优点是没有运动部件，发电过程无噪声、无磨损、结构紧凑且可靠性高、对运行环境要求低、无污染。其缺点是对温差要求高、发电效率较低、材料成本高。这些缺点限制了其广泛应用。目前，半导体温差发电技术的应用主要局限于需要长寿命电源的探空探测、边远地区特殊电源等领域。近年来，随着材料科学的进步，其在汽车尾气余热利用方面的应用也受到一定重视。

1.2 矿山低品位余热废热资源

1.2.1 矿山低品位余热废热资源概述

鉴于我国矿产资源的现状，矿山中的低品位余热废热利用开始逐步发展。矿山低品位余热废热资源主要包括矿井回风、矿井排水、空压机余热、洗浴废热以及煤矿瓦斯等，其中，矿井回风、矿井排水等是很好的热泵低温热源。因井下温度主要受地热的影响，全年恒温，故这些余热资源具有热源稳定、温度恒定的特点，可以用来冬季供热、夏季供冷，大大减少矿井作业中产生的能源消耗，在回收利用的同时还能最大限度地减少对环境造成的不良影响。

将矿井回风、矿井排水低温热源与热泵技术相结合，可以制取45～50 ℃的中高温热水。由于热泵的节能性特点，一般而言，消耗1 kW·h电能可以制取4 kW·h的热能，这样，用于煤矿冬季的井筒防冻、建筑供暖等费用将大大降低。以空压机余热作为能源的循环再利用技术，已经在煤炭行业得到了较为广泛的应用，在回收空压机余热的同时，还起到了对空压机冷却的作用。洗浴废水作为一种可再利用水源，不仅可以提取废热，还在矿井节水中发挥着重要作用。

随着矿井采深的不断增加和采掘机械化程度逐渐提高，矿山低品位余热废热资源的利用在矿井开采中变得越来越重要，如何合理高效地利用这些低品位能源尤为关键。与此同时，矿山低品位余热废热资源的利用为缓减化石能源的供应压力，实现低碳经济的发展目标提供了一种有效途径，非常符合国家的节能政策。

1.2.2 矿井回风

煤矿因地下开采的原因，工人需要在井下工作，所以在煤矿生产过程中需要源源不断地输入新鲜风流，以提高井下环境温度及空气质量。伴随着矿井通风系统的运行，矿井回风中携带了大量来自地下的热能，因此具有可观的利用价值。

井下温度主要受地热的影响，全年恒温，故煤矿排出的回风温度也是全年恒温，几乎不受地面环境温度影响，并且矿井采煤深度越深，井下环境温度越高。矿井回风风流温度在15～30 ℃之间，相对湿度基本不变，一般在90%上下浮动，且全年风量恒定，因此，矿井回风中蕴藏丰富的低温能源。

相比于传统空调系统，矿井通风系统往往要求通风量巨大，回风速度高、流量大。通过矿井回风取热技术与热泵技术相结合，制取得到的45～50 ℃中高温热水可以解决煤矿冬季井筒防冻、建筑供暖、洗浴热水等用热问题。除可实现供热外，在夏季，矿井回风还可作为空调系统的冷源，通过喷淋换热装置，制取冷却水，供热泵使用，实现热泵夏季制冷，为建筑空调提供冷冻水。

矿井回风余热利用技术主要是余热的提取装置与水源热泵的耦合技术，主要技术原理为将矿井回风中的热量转移到中间介质水中，再通过水源热泵提取热量，用于给热用户提供热量。目前市场上最常见的回风余热收集技术主要有：喷淋式矿井回风用热泵技术、热管换热技术和乙二醇间壁式换热技术。近几年来矿井回风余热利用技术在我国发展迅速，国内许多煤矿企业已经开始使用此项技术用于减少煤矿的煤炭消耗和污染物排放。

1.2.3 矿井排水

在矿井建设和生产期间，大气降水、地表水（江、河、湖、海、水库等）和地下水都有可能通过各种通道涌入井下。据不完全统计，在采煤过程中，全国煤矿年排矿井水约 22 亿 m^3，平均吨煤涌水量为 2～4 m^3。矿区来自井下排水仓的排水量多年稳定在 260～350 m^3/h 之间，排水温度一般大于 15 ℃，个别深井或者地温异常矿井排水温度高达 30 ℃以上，因此矿井排水是非常好的水源热泵双工况热源，具有可观的利用价值。

矿井排水利用存在水质问题，矿井排水流量与矿井水文地质密切相关，水质一般较差，多数矿井排水浊度大、矿化度高、腐蚀性强，给余热利用带来难度。

矿井排水余热热泵技术是矿井废热应用率较高的一种形式。无论制热还是制冷，热泵机组的性能系数都能达到 4.0 以上。矿井水水源热泵只是提取矿井水中的热能，对矿井水的水量和水质没有影响，取热后的矿井水可以继续用作生产、生活用水。但如果需要进一步利用矿井排水余热，在处理矿井水质、了解矿井水物性参数以及改进矿井水水源热泵系统等多方面都需要进一步深入研究。

1.2.4 空压机余热

空压机在运行过程中会产生大量的热能，这是由于压缩机内部的摩擦和压缩过程导致的。空压机将输入的电能转换为两部分能量：一是空气压缩所得到的机械势能；二是为维持井内空气压力状况与合理的排气温度，压缩机需保持高速旋转，空压机输入的电能大部分被摩擦消耗转换成热能。如果能够有效地回收和利用这些热量，将能够显著提高设备的能源效率，并降低设备的运行温度，从而延长其使用寿命。

空压机在运行过程中，输入电能的不足 20%转化成压缩空气能，其余 80%全部转化成热能，热能温度可以达 80～100 ℃。热能大部分被压缩后的油气混合物带走，分别在各自的冷却器（油冷却器和气冷却器）中被冷却介质（水或空气）带走，排放到周围环境中，热量被白白地浪费。随着我国“双碳”目标的提出，煤矿企业作为高能耗企业，节能减排势在必行，空压机余热作为一种稳定的余热资源，具有广阔的利用前景。以空压机余热作为能源循环再利用技术，现在已经在煤炭行业得到了较为广泛的应用，在回收空压机余热的同时，还能够对空压机起到冷却作用。虽然空压机余热可回收热量相对矿区生产、生活供热总量较小，但用来制取职工洗浴用热水，既可以实现其余热回收利用、降低能源消耗，又可以减少污染物的排放，产生较好的环境、经济效益。

1.2.5 洗浴废水

矿井工人众多且洗浴时间基本固定，因而洗浴废水流量较大、排放时间集中且洗浴废水温度也大致相同。由于矿井洗浴废水的温度通常比环境温度高，因此可以考虑回收利用这些废水中的热量，以减少能源消耗和降低成本。可以将废水通过热交换器与需要加热的水或空气进行热交换，从而将废水中的热量转移到需要加热的水或空气中。此外，也可以将废水中的热量用于地热能开发，将其转移到地下并转化为地热能，再通过地源热泵的热交换器将其提取出来加以利用。

需要注意的是，矿井洗浴废水的热能回收利用需要经过适当的处理，如除污、除味、过滤等，以确保回收利用的可行性和安全性。洗浴废水余热回收主要采用热泵技术，其工作过程如下：

第一过程：洗浴废水经过换热器，热量被提取出来，进入热泵机组蒸发器，内部介质吸收这部分热量后，蒸发变成高温低压气体。

第二过程：机组自身介质循环，蒸发的气体被压缩机吸收并压缩，变成高温、高压的气体。

第三过程：机组内的高温高压介质在冷凝器中经历冷凝过程，期间释放出大量热量。这一过程中，冷凝器内部循环的自来水与其进行高效热交换，进而吸收这些释放出的热量。如此一来，蒸发器之前所吸收的环境热量加之系统运行时输入的电能，全部被有效传递给了循环中的自来水，完成了能量的转移和利用。

1.2.6　煤矿瓦斯

煤矿瓦斯是从煤和围岩中逸出的甲烷、二氧化碳和氮等组成的混合气体。煤矿瓦斯是优质资源，但利用率较低，如果简单粗放地将瓦斯抽采排放，不仅造成了资源浪费，还会对环境造成破坏。因此，加强煤矿瓦斯抽采利用，既是煤矿安全生产的需要，也是“双碳”目标下煤炭行业转型发展的需要。

一般常用的井下煤矿瓦斯抽取技术包括：井下定向长钻孔技术、顺层钻孔水力压裂增渗技术、高压空气爆破增透技术和采动区地面 L 形井抽采技术等。煤矿瓦斯利用技术主要包括高浓度瓦斯净化直接利用技术、低浓度瓦斯发电技术、低浓度瓦斯浓缩技术、低浓度瓦斯燃（焚）烧技术、回风瓦斯利用技术等。煤矿瓦斯浓度范围不同，相应的瓦斯利用方式也不同，详见表 1-1。

表 1-1　煤矿瓦斯利用方式

简称	类别	甲烷浓度/%	利用方式
煤矿瓦斯 CMM (coal mine methane)	高浓度瓦斯	>90	净化后直接通入天然气管网
	较高浓度瓦斯	60～90	提纯后送至天然气管网；燃气内燃机发电（电点火式）热电联产；化工原料（甲醇、甲醛、炭黑）；车用燃料
	中等浓度瓦斯	30～60	民用燃气、工业燃气锅炉；高浓度瓦斯发电机组发电、和煤炭混合燃烧发电等；直接燃烧；热电联产
	低浓度瓦斯	1～30	浓缩提纯；制氢；制液氨；与高浓度瓦斯掺混；辅助燃料；瓦斯爆炸发电；燃气内燃机发电（油点火式）
风排瓦斯 VAM (ventilation air methane)	超低浓度瓦斯	<1	辅助燃料，助燃剂用于燃气轮机、内燃机、混合低质煤/甲烷燃烧系统、燃烧粉煤发电厂主要燃料，用于热逆流反应器（TFRR）、催化逆流反应器（CFRR）、整体式催化燃烧反应器（CMR）、贫烧催化燃烧燃气轮机、间壁回热式贫烧燃气轮机、集中器

我国多数矿井生产过程中都会产生瓦斯，有产量较高的高瓦斯矿，也有产量较低的低瓦斯矿，目前已有学者对瓦斯利用技术开展研究。如杨丁丁分析了淮南矿业集团丁集矿瓦斯冷热电联产系统，利用低浓度瓦斯（瓦斯浓度＜30%）和中高浓度瓦斯（瓦斯浓度＞30%）发电，瓦斯发电机组余热用于夏季矿井降温、冬季矿区建筑采暖。

综上所述，我国依旧是能源消耗大国，而煤炭在我国能源中占有极为重要的位置，矿山低品位余热资源在我国有良好的发展前景。矿井回风、排水、空压机余热等在我国都有不同程度的利用，这对提高煤矿利用率有着极为重要的作用。随着当前环境形势越发严峻，人们也越来越重视环境问题，这就使得在未来我们需要大力发展矿山低品位余热资源回收技术，进行更高层次的余热回收利用研究，也需要加快研发新的余热资源回收利用技术，实现余热资源的高层次、多方面的深入利用。

第 2 章　矿山余热废热取用方式及可用量计算

矿山开发生产的过程中，会伴随产生多种余（废）热能源，其特点是量大、分散且品位较低。在节能高效、低碳减排的能源结构转型形势下，回收再利用矿山自身余（废）热资源，用以满足矿上热能需求，成为每个矿山节能减排的必要一环。本章对矿山不同余热废热资源的提取方式及可用量计算进行介绍。

2.1　矿井回风

矿井生产过程中，须持续不断地将地面新鲜空气输送到井下各个作业点，一是供给人员呼吸；二是稀释并排出井下各种有害气体和悬浮矿尘；三是创造一个良好的矿井气候条件，以确保井下作业人员的身体健康、劳动安全和高效作业。

2.1.1　矿井回风余热概述

2.1.1.1　矿井回风热量的来源

矿井回风温度常年稳定，其热量来源包括以下几方面：第一，随着开采井深度的逐渐增加，井下围岩温度逐渐升高，矿井通风在井下流动过程中与井下围岩换热，这是矿井回风热量的主要来源；第二，地下矿物质丰富，存储状态各异，在采煤过程中产生的矿物质和周围的介质发生化学反应也会产生一定的热能；第三，煤矿开采过程中机械与地质断层摩擦，接触作业面会产生大量的热能；第四，井下工作人员、机械设备、照明设备等都会产生热能。综上所述，矿井围岩散热、井下矿物质化学反应散热、机械与地质断层摩擦散热以及井下人员、设备及照明等散热构成了矿井回风中热量的来源。

2.1.1.2　矿井回风特点

出于对作业环境的严格把控，矿井内的温湿度、含氧量等基本维持在特定的状态。因此，矿井回风具有以下特点：① 热源稳定，不受外界环境影响；② 回风量大且不间断，回风风速稳定；③ 回风温度、湿度相对恒定，详见表 2-1；④ 含有大量粉尘、杂质和多种有害气体。

表 2-1 列出了我国部分矿区回风参数以便参考，可以看出温度常年保持在 15 ℃以上，相对湿度不低于 85%。

表 2-1　我国部分矿区回风参数

回风参数	矿区				
	沈阳灯塔矿区	宁夏羊场湾矿区	山西曙光矿区	河北峰峰矿区	安徽涡阳涡北矿区
干球温度/℃	22.0	19.2	15.0	20.5	21.0～22.0
相对湿度/%	100	95	96	100	85～97
回风量/(m^3/s)	249	209	149	231	265

2.1.2　矿井回风取热方式及可取热量计算

由于矿井回风量大、温湿度大，其中蕴藏了大量的低温热能，结合矿上对供热的大量需求，可将回风中这部分热量进行提取，然后用于矿井井筒防冻、建筑物采暖及人员洗浴等，对节约能源、环境保护都有着重要意义。本节就矿井回风余热废热提取进行介绍。

根据水和回风是否直接接触，可以将取热方式分为直接换热和间接换热，直接换热技术即喷淋式换热技术；间壁式换热技术利用水或乙二醇溶液通过换热器的间壁间接吸收矿井回风中的热量，包括热管式换热技术和间壁式换热技术。

2.1.2.1　喷淋式换热技术

1. 喷淋式换热技术原理

喷淋式换热技术是目前研究最多、应用最广的回风余热利用技术。喷淋式换热技术中，循环水通过喷淋装置与回风直接接触实现换热。回风自井下抽出后进入扩散塔内，转变为低速、均匀、稳定的气流，与喷淋装置喷淋出的高密度雾化水充分接触，以此完成气-水之间的热湿交换；升温后的喷淋水进入回水槽，经处理后作为低温热源送至热泵机组，回风则通过挡水板后排出至大气。应用此技术提取到的热量，一般通过热泵系统提升后用于建筑物供热，供热温度一般≥40 ℃。

矿井回风喷淋式换热系统如图 2-1 所示。

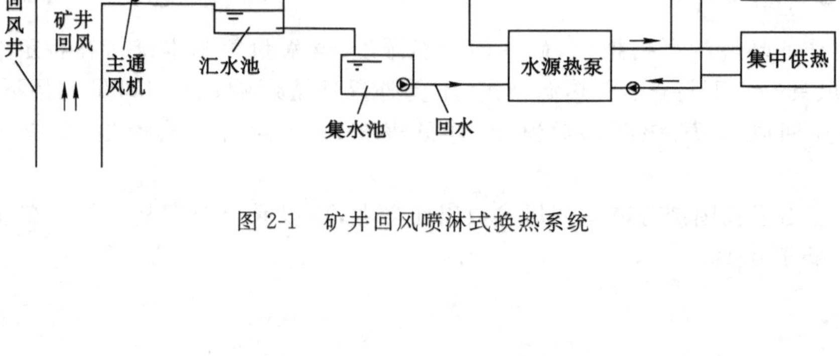

图 2-1　矿井回风喷淋式换热系统

2. 喷淋式换热技术的特点

(1) 喷淋式换热系统风阻小，不会影响矿井正常通风；

(2) 换热过程中，喷淋水对回风有除尘作用，可大幅减少回风对大气的污染；

(3) 回风与水直接接触，传热阻力小，热湿交换更充分；

(4) 当回风温度低于 12 ℃时，喷淋式取热效果显著降低；

(5) 系统平均能效比较低，一般大于 3；

(6) 回风中的粉尘进入循环水中会造成水质污染，导致过滤器、水泵、热泵机组等设备磨损，缩短设备使用寿命；

(7) 喷淋过程会发生水分的蒸发和散失，补水量较大，可能导致换热效率降低。

2.1.2.2　热管式换热技术

当前热管式矿井回风余热提取技术主要分为两种：一种是整体式热管换热技术，一种是分体式热管换热技术。回收的热能一般直接用于矿上冬季井筒防冻，处理后的进风温度一般≥2 ℃。

1. 整体式热管换热技术

(1) 整体式热管换热器的结构和原理

整体式热管换热技术是一种冷、热流体互不接触的表面式换热技术，分为上部冷凝段和下部蒸发段，中间用隔板分隔形成绝热段，它由许多根热管以管束形式组成，热管数量取决于换热量大小及长度约束。实际应用中，为了减小换热器体积、减少内部热管数目，通常采取在管外加翅片的方法来提高换热系数。该工艺通过回收矿井回风中余热，使矿井进风冷风流升温，从而满足井口防冻负荷需求。

整体式热管换热器的原理及各段组成如图 2-2 所示。

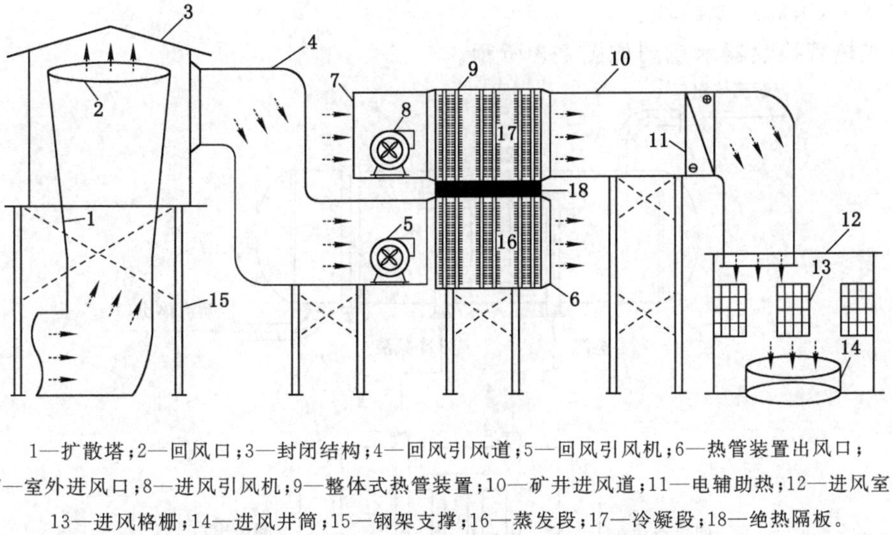

1—扩散塔；2—回风口；3—封闭结构；4—回风引风道；5—回风引风机；6—热管装置出风口；7—室外进风口；8—进风引风机；9—整体式热管装置；10—矿井进风道；11—电辅助热；12—进风室；13—进风格栅；14—进风井筒；15—钢架支撑；16—蒸发段；17—冷凝段；18—绝热隔板。

图 2-2　整体式热管换热器原理及各段组成

图 2-2 中，除扩散塔、进风室、进风格栅及进风井筒外，其余均为整体式热管换热工艺部件，其中热管的蒸发段与矿井回风道相连，冷凝段与室外进风道相连。蒸发段中的液态工质通过吸收回风中的低温热能而迅速汽化并升至冷凝段，冷凝段的气态工质向室外新风释放

热量后冷凝成液态，再经吸液芯回流至蒸发段。此过程往复循环实现热能的置换，矿井回风释放热量后排向室外，室外新风吸收热量后送入井下。此外，考虑安全裕量，进风处可增设电辅助加热设备。

本系统仅用于采暖季井口防冻，封闭结构中设有排风风阀，在非采暖季，矿井回风直接通过风阀排出室外。

（2）整体式热管换热器的特点

整体式热管换热器具有以下特点：

① 传热效率高，热管的冷热侧均可根据需要采用高频焊翅片强化传热；

② 有效地避免冷、热流体的串流，每根热管都是相对独立的密闭单元，单根热管的损坏不影响其他热管的运行，对整体换热效果的影响较小；

③ 通过调整传热面积比，控制热管壁温度在露点温度以上，有效地防止露点腐蚀；

④ 对隔板密闭性要求较高，密封性差易导致工质泄漏；

⑤ 安装相对简便，无需烦琐调试即可投入运行；

⑥ 设备采用不锈钢等材质制成，耐腐蚀性强，运行维护比较简单。

2. 分体式热管换热技术

（1）分体式热管换热器的结构和原理

分体式热管换热器是将蒸发段和冷凝段分开布置，通过管路将高温侧和低温侧连接形成闭合回路。内部工质在高温侧蒸发器吸热蒸发变成蒸汽，在蒸发器端部的汇气室汇集在一起，然后沿上升管路到达冷凝侧端部的集气室，随后均匀分配到各支热管中。在低温侧冷凝器中，工质与新流体发生热量交换，把热量传递出去。冷凝器中的气态工质在与外部环境进行换热后冷凝液化成液体，依靠重力的作用回流到热管换热器底部的集液室，沿下降管再回到蒸发器中，由此形成循环。

分体式热管换热器示意图如图 2-3 所示。

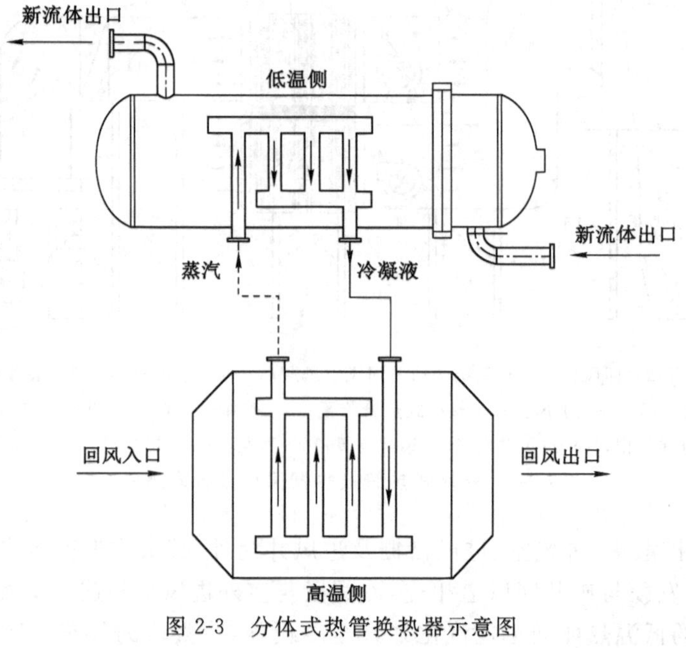

图 2-3　分体式热管换热器示意图

(2) 分体式热管换热器的特点

① 由于蒸汽在冷凝段中自上而下与液膜同向流动，可以避免单管过长易出现的携带极限问题；

② 根据实际应用条件需求，可以选择较小直径的管子做传热管，以保证装置的紧凑性；

③ 实现冷热两流体远程换热，利用分体式热管换热器可以实现相距较远的两流体间的换热，这在空间比较拥挤、难以布置常规余热回收装置的情况下具有更好的适用性；

④ 冷热流体互相隔离，蒸发段和冷却段分置在热源侧和冷源侧，使用少量管道连接，避免了冷热流体相互影响和工质泄漏的问题；

⑤ 可实现单流体与多种流体之间的换热，也可实现顺、逆混合布置，布置方式灵活多样。

2.1.2.3　乙二醇间壁式换热技术

1. 乙二醇间壁式换热技术原理

乙二醇间壁式换热通过热对流和热传导方式进行传热，其类型属于气-液翅片管式换热器。在乙二醇间壁式换热器中，管内低温换热工质(乙二醇)与回风之间进行非接触热交换，且换热相对充分，而后，提升温度后的换热工质作为热泵机组热源参与热泵系统循环；释放热量后换热工质降温后循环回到换热器内，进行下一个热交换循环。实践表明，采用一定质量浓度的乙二醇溶液作为循环介质时，能够有效防止管路结冰状况，系统取热效果更加稳定。同喷淋式换热技术一样，应用此技术提取到的热量，通过热泵进一步提升品质后，多用于建筑物供热。

乙二醇间壁式换热工作原理图如图 2-4 所示。

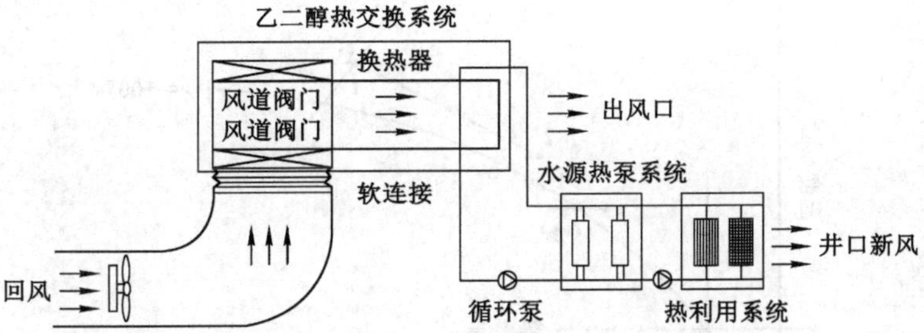

图 2-4　乙二醇间壁式换热工作原理图

2. 乙二醇间壁式换热器的特点

乙二醇间壁式换热器具有以下特点：

① 布置灵活，可以根据需要布置新风机组和回风机组，中间只需要管路和水泵连接即可；

② 由于不同浓度乙二醇溶液的冰点不同，系统在运行过程中通常通过降低乙二醇溶液温度，从而显著增大与回风之间的温差，实现高效换热；

③ 换热器自身辅助结构相对较少，维护比较简单；

④ 相比于热管式换热器而言，乙二醇间壁式换热器的运行成本相对较高，需增加额外水泵能耗支持循环系统。

2.1.2.4 取热量计算

1. 矿井回风中的焓值计算

矿井回风相对湿度很大，回风经过热管换热器时，回风放热过程即是湿空气焓变过程。湿空气的焓由干空气和水蒸气的焓组成，即矿井回风的比焓 h(kJ/kg)可以表示为：

$$h = 1.004\,5t + d(2\,501 + 1.85t) \tag{2-1}$$

式中 t——矿井回风的空气温度，℃；

d——矿井回风的含湿量，kg/kg 干空气。

公式右侧第一项为单位质量干空气的焓值，第二项为单位质量湿空气的焓值（以单位质量干空气为基准计算）。

2. 换热器换热量计算

换热量是指在热交换器中，单位时间内通过换热界面的热量，通常以热功率表示，单位为 W 或 kW。矿井回风余热回收换热器主要有喷淋式换热器、乙二醇间壁式换热器和热管式换热器三种，下面将分别介绍这三种换热器在不同工况下的换热量计算方法。

(1) 喷淋式换热器的换热量

回风与喷淋水直接接接触进行热湿交换。当空气与水接触时，边界层中的饱和空气被带走，进而补充新的空气继续达到饱和，所以说饱和空气层与未饱和空气层的持续混合，使整个空气状态发生变化。

冬季工况如图 2-5 所示。

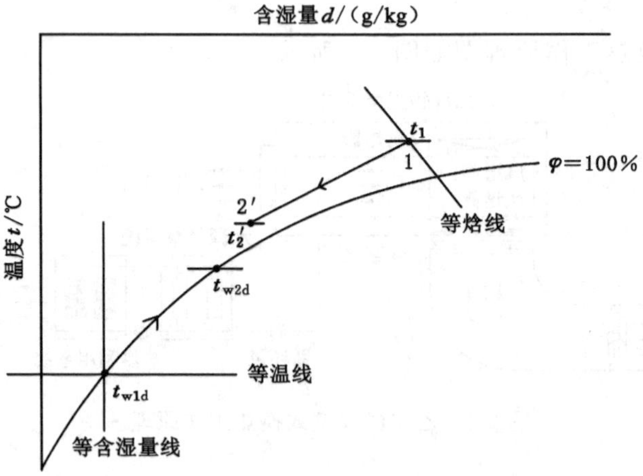

图 2-5 喷淋式换热器冬季工况

在冬季工况下，即取热工况下，因为喷淋水温度低于回风的露点温度，回风在该过程受到冷却，由于回风中水蒸气的分压高于水滴表面饱和空气边界层中水蒸气的分压，回风中的部分水蒸气将凝结进入水中，回风含湿量将减少。即回风由空气状态点 1 经过喷淋水处理后放热，实现降温减湿过程，达到空气状态点 2′，喷淋水由初始温度 t_{w1d} 升温到 t_{w2d}，实际换热量如式(2-2)所示：

$$Q_{d实际} = \rho_1 V_1 h_1 - \rho_{2'} V_{2'} h_{2'} \approx G(h_1 - h_{2'}) \approx W c_w (t_{w2d} - t_{w1d}) \tag{2-2}$$

式中 $Q_{d实际}$——冬季工况下喷淋式换热单元实际换热量，kW；

ρ_1、$\rho_{2'}$——回风、经喷淋处理后空气状态点的密度，kg/m^3；

V_1、$V_{2'}$——回风、经喷淋处理后空气状态点的风量，m^3/s；

G——回风空气的质量流量，kg/s；

W——喷淋水的质量流量，kg/s；

c_w——喷淋水的比热容，J/(kg·℃)；

t_{w1d}——冬季工况下喷淋水的初温，℃；

t_{w2d}——冬季工况下喷淋水的终温，℃；

h_1、$h_{2'}$——回风、经喷淋处理后空气状态点的比焓，kJ/kg。

理想过程中，回风温度可以处理到喷淋水的初始温度，且回风的相对湿度 φ 达到 100%，所以理想换热量如下所示：

$$Q_{d理想} \approx G(h_1 - h_{w1d}) \tag{2-3}$$

式中　$Q_{d理想}$——冬季工况下喷淋式换热单元理想换热量，kW；

h_{w1d}——冬季工况下喷淋水初始状态的比焓，kJ/kg。

夏季工况如图 2-6 所示。

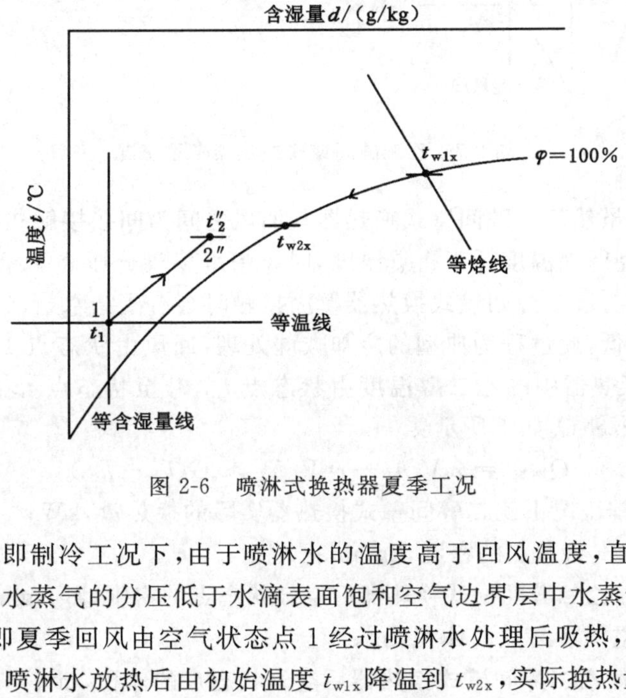

图 2-6　喷淋式换热器夏季工况

在夏季工况下，即制冷工况下，由于喷淋水的温度高于回风温度，直接接触会使得回风温度升高，且回风中水蒸气的分压低于水滴表面饱和空气边界层中水蒸气的分压，使得回风中的含湿量增加。即夏季回风由空气状态点 1 经过喷淋水处理后吸热，实现增焓加湿过程，达到空气状态点 2″，喷淋水放热后由初始温度 t_{w1x} 降温到 t_{w2x}，实际换热量如下所示：

$$Q_{x实际} = \rho_{2''} V_{2''} h_{2''} - \rho_1 V_1 h_1 \approx G(h_{2''} - h_1) \approx W c_w (t_{w1x} - t_{w2x}) \tag{2-4}$$

式中　$Q_{x实际}$——夏季工况下喷淋式换热单元实际换热量，kW；

ρ_1、$\rho_{2''}$——回风、经喷淋处理后空气状态点的密度，kg/m^3；

V_1、$V_{2''}$——回风、经喷淋处理后空气状态点的风量，m^3/s；

t_{w1x}——夏季工况下喷淋水的初温，℃；

t_{w2x}——夏季工况下喷淋水的终温，℃；

h_1、$h_{2''}$——回风、经喷淋处理后空气状态点的比焓，kJ/kg。

理想过程中，回风的终状态可以处理到夏季喷淋水的初始状态，且相对湿度 φ 达到

100%,所以理想换热量如下所示：

$$Q_{x理想} \approx G(h_{w1x} - h_1) \quad (2\text{-}5)$$

式中 $Q_{x理想}$——夏季工况下喷淋式换热单元理想换热量,kW；

h_{w1x}——夏季工况下喷淋水初始状态的比焓,kJ/kg。

(2) 乙二醇间壁式换热器的换热量

冬季工况如图 2-7 所示。

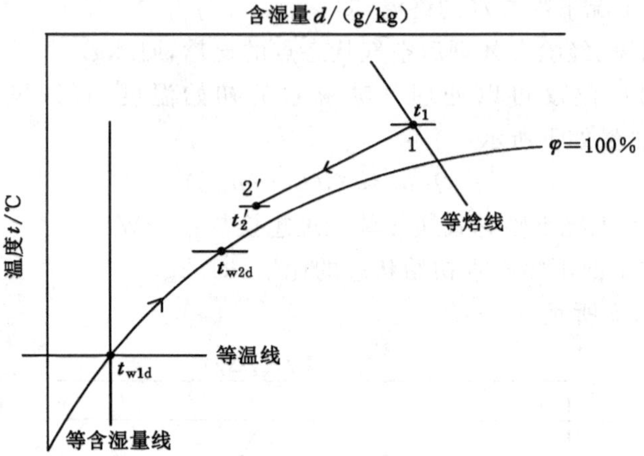

图 2-7 乙二醇间壁式换热器冬季工况

在冬季工况下,虽然乙二醇间壁式换热器与回风之间为间接接触式换热,但是由于冬季乙二醇间壁式换热器壁面温度低于露点温度,回风中水蒸气分压高于壁面饱和空气边界层的分压力,使得回风与乙二醇间壁式换热器壁面接触时会有凝结水析出,回风的含湿量进而会减少,温度也会降低,此过程为典型的冷却减湿处理,回风由状态点 1 冷却减湿到状态点 2′。乙二醇间壁式换热器中的乙二醇温度由状态点 t_{w1d} 升至状态点 t_{w2d}。所以乙二醇间壁式换热器实际的换热量 Q_d 如下所示：

$$Q_{d实际} = \rho_1 V_1 h_1 - \rho_{2'} V_{2'} h_{2'} \approx G(h_1 - h_{2'}) \quad (2\text{-}6)$$

式中 $Q_{d实际}$——冬季工况下乙二醇间壁式换热器实际的换热量,kW；

ρ_1——回风空气状态点的密度,kg/m³；

$\rho_{2'}$——回风经乙二醇间壁式换热器后空气状态点的密度,kg/m³；

V_1——回风空气状态点的体积,m³；

$V_{2'}$——回风经乙二醇间壁式换热器后空气状态点的体积,m³；

h_1——回风空气初始状态点的比焓,kJ/kg；

$h_{2'}$——回风经乙二醇间壁式换热器后空气状态点的比焓,kJ/kg；

G——回风的质量流量,kg/s。

对于理想过程,回风的终状态点可以处理到乙二醇溶液的初始状态点,所以乙二醇间壁式换热器的理想换热量$Q_{d理想}$如下所示：

$$Q_{d理想} \approx G(h_1 - h_{w1d}) \quad (2\text{-}7)$$

式中 $Q_{d理想}$——冬季工况下乙二醇间壁式换热器理想换热量,kW；

h_{w1d}——冬季工况下乙二醇间壁式换热器初始状态的比焓,kJ/kg。

夏季工况如图 2-8 所示。

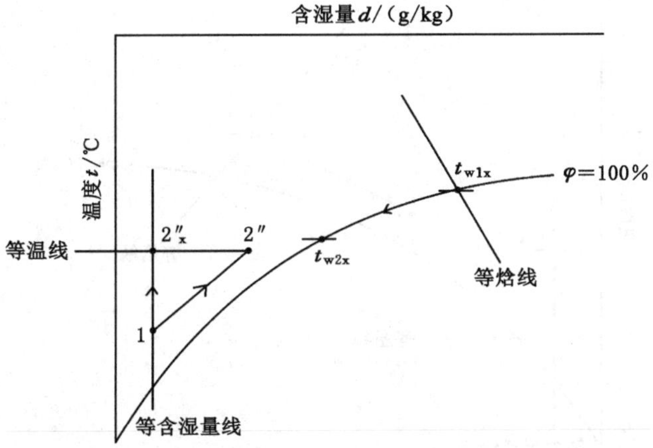

图 2-8　乙二醇间壁式换热器夏季工况

在夏季工况下，由于间接接触式换热，会使得回风温度升高，湿度不变，回风由状态点 1 等湿升温到状态点 $2''_x$。乙二醇温度由状态点 t_{w1x} 降至状态点 t_{w2x}。所以乙二醇间壁式换热器实际的换热量 Q_x 如下所示：

$$Q_{x实际} = \rho_{2''_x} V_{2''_x} h_{2''_x} - \rho_1 V_1 h_1 \approx G(h_{2''_x} - h_1) \tag{2-8}$$

式中　$Q_{x实际}$——夏季工况下乙二醇间壁式换热器实际的换热量，kW；

$\rho_{2''_x}$——经乙二醇间壁式换热器后空气状态点的密度，kg/m^3；

$V_{2''_x}$——经乙二醇间壁式换热器后空气状态点的风量，m^3/s；

$h_{2''_x}$——经乙二醇间壁式换热器后空气状态点的比焓，kJ/kg。

对于理想过程，回风的终状态点可以处理到乙二醇溶液的初始状态点，所以乙二醇间壁式换热器的理想换热量$Q_{x理想}$如下所示：

$$Q_{x理想} \approx G(h_{w1x} - h_1) \tag{2-9}$$

式中　$Q_{x理想}$——夏季工况下乙二醇间壁式换热器理想换热量，kW；

h_{w1x}——夏季工况下乙二醇溶液初始温度状态点的比焓，kJ/kg。

(3) 热管式换热器的换热量

冬季工况如图 2-9 所示。

在矿井回风中，热管式换热器主要用于井筒防冻，所以只考虑冬季工况。冬季工况下，回风与新风通过热管进行热交换，由于热管式换热器的表面温度低于露点温度，会导致表面有凝结水析出，使得回风由状态点 1 冷却减湿到状态点 2，而新风的湿度未发生变化，由状态点 t_{w1} 等湿加热到 t_{w2}，所以热管式换热器的实际换热量 $Q_{d实际}$ 如下所示：

$$Q_{d实际} = \rho_1 V_1 h_1 - \rho_2 V_2 h_2 \approx G(h_1 - h_2) \tag{2-10}$$

式中　Q_d——冬季工况下热管式换热器的实际换热量，kW；

ρ_1——回风空气状态点的密度，kg/m^3；

ρ_2——回风经热管式换热器处理后空气状态点的密度，kg/m^3；

V_1——回风空气状态点的体积，m^3；

V_2——回风经热管式换热器处理后空气状态点的体积，m^3；

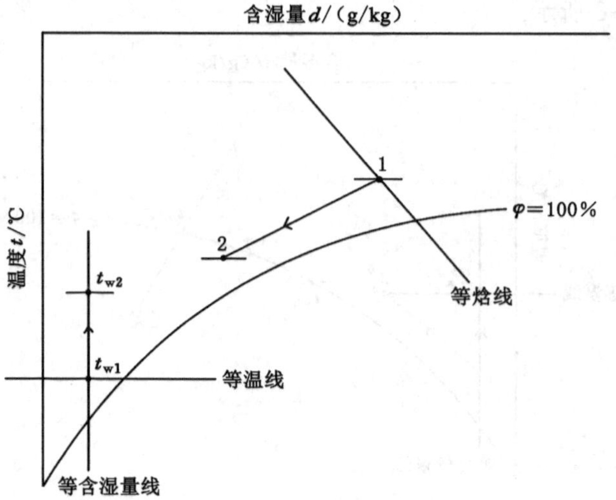

图 2-9　热管式换热器冬季工况

h_1——回风空气初始状态点的比焓，kJ/kg；

h_2——回风经热管式换热器处理后空气状态点的比焓，kJ/kg；

G——回风的质量流量，kg/s。

对于理想过程，回风的终状态点可以处理到新风的初始状态点，所以热管式换热器的理想换热量$Q_{d理想}$如下所示：

$$Q_{d理想} \approx G(h_1 - h_{w1}) \tag{2-11}$$

式中　$Q_{d理想}$——冬季工况下热管式换热器的理想换热量，kW；

h_{w1}——新风空气初始状态点的比焓，kJ/kg。

2.1.2.5　回风换热器能效

换热器的“能效”一般指换热器的实际换热量与理想换热量的比值。下面介绍不同工况下 3 种换热器的能效计算方法。

(1) 喷淋式换热器能效

根据式(2-2)和式(2-3)可得冬季喷淋式换热器能效：

$$\varepsilon = \frac{Q_{d实际}}{Q_{d理想}} = \frac{G(h_1 - h_{2'})}{G(h_1 - h_{tw1d})} \tag{2-12}$$

根据式(2-4)和式(2-5)可得夏季喷淋式换热器能效：

$$\varepsilon = \frac{Q_{x实际}}{Q_{x理想}} = \frac{G(h_{2''} - h_1)}{G(h_{w1x} - h_1)} \tag{2-13}$$

(2) 乙二醇间壁式换热器能效

根据式(2-6)和式(2-7)可得冬季乙二醇间壁式换热器能效：

$$\varepsilon = \frac{Q_{d实际}}{Q_{d理想}} = \frac{G(h_1 - h_{2'})}{G(h_1 - h_{-w1d})} \tag{2-14}$$

根据式(2-8)和式(2-9)可得夏季乙二醇间壁式换热器能效：

$$\varepsilon = \frac{Q_{x实际}}{Q_{x理想}} = \frac{G(h_{2_x''} - h_1)}{G(h_{w1x} - h_1)} \tag{2-15}$$

(3) 热管式换热器能效

根据式(2-10)和式(2-11)可得冬季热管式换热器能效：

$$\varepsilon = \frac{Q_{d实际}}{Q_{d理想}} = \frac{G(h_1 - h_2)}{G(h_1 - h_{w1})} \tag{2-16}$$

2.2 矿井排水

矿井排水系统是矿山井下必不可少的主要生产系统之一，其作用是将地下开采过程中产生的矿井水及时、安全、经济地排至地面，确保矿山井下作业人员的生命安全和矿井生产安全。如果矿井排水系统不能正常发挥作用或存在安全隐患，轻则会影响矿井正常生产，给矿山带来一定的经济损失；重则将会发生淹井事故，造成灾害，甚至人员伤亡。因此，矿井排水在矿井的安全生产中处于十分重要的地位，矿井各级管理人员及有效岗位人员必须严肃认真加以对待，切实履行好各自的岗位职责，确保矿井排水安全。

2.2.1 矿井排水余热概述

我国煤矿资源众多，在生产煤炭资源的同时，随之产生的大量废水自矿井中排出，据不完全估计，我国的矿山生产中，矿井水年排放量约为 2.2×10^9 m³，相当于每生产 1 t 煤的同时排水 2～4 m³，排水温度在 15～20 ℃。如此巨大的排水量且富含热能，如果不加利用地直接排放掉，不仅浪费大量的水资源，损失其中蕴含的中低温热能，还容易造成环境的污染。

1. 矿井排水热量来源

矿井排水是具有一定热量的，这些热量随着矿井水的排出被携带出井外，全年水温比较恒定。随着开采井深度的逐渐增加，地热温度逐渐升高，矿井涌水与围岩、土体直接接触而被加热，这是矿井排水热量的主要来源。由于矿井的特殊环境，井下气-水热湿交换也能使排水温度升高。除此之外，还有少量热量来自机械设备的水冷装置等。

2. 矿井排水特点

随着矿井生产的持续进行，大量的矿井涌水源源不断地自井底排至地面，鉴于地下环境的特殊性，矿井排水具有以下特点：

① 对于开挖不深的矿井(＜300 m)而言，全年排水量受季节性影响，雨季(或融雪期)的排水量相对较大；

② 排水量大且不间断，排水温度、排水速度相对稳定；

③ 排水中含有多种矿物质及泥沙、煤屑等，密度较普通清水偏大且具有一定的污染性；

④ 部分矿井水呈现出明显的酸碱性，会一定程度上损伤工作设备及管路。

2.2.2 矿井排水取热方式及可取热量计算

矿井水的余热回收是通过换热提取耦合水源热泵系统实现的，通过消耗少量的电能，在冬季工况，把热量从矿井水中提取出来，提高温度后供给室内采暖；夏季工况时，把室内的热量取出来，释放到低温排水中去，两种工况利用方式下热泵机组的性能系数均能达到 4.0 以上，是一种高效的利用方式。

2.2.2.1　矿井排水取热方式

矿井排水温度适中，既可以作为低温热源又可以作为低温冷源，是较好的热泵系统双工况热源。根据是否将矿井排水直接接入热泵机组，可以分为直接取热方式和间接取热方式两种，下面以冬季工况为例进行介绍。

1. 直接取热方式

矿井排水作为热泵系统热源直接利用，该种形式较为简单，携带热量的矿井排水经由水泵抽取上来后，经过一定处理，去除悬浮物后进入蒸发器作为热泵系统热源，与工质换热后排出系统。该部分热量用来加热工质，最终通过热泵的输送系统送至各用热区域。

该利用方式原理图如图 2-10 所示。

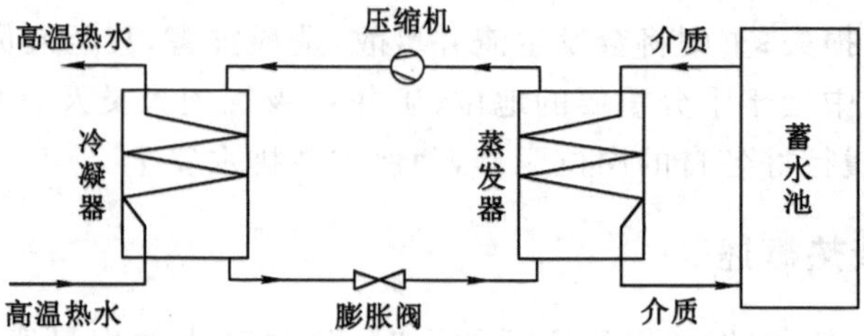

图 2-10　矿井排水作为直接热源的热泵系统

2. 间接取热方式

该种方式下，矿井排水不直接与热泵机组接触，而是先通过换热器对矿井排水进行热量提取，再由换热器载热介质进入热泵机组，作为系统热源为系统供热。

该利用方式原理图如图 2-11 所示。

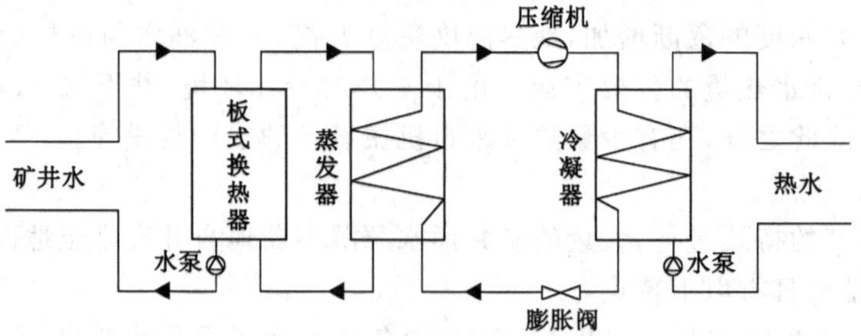

图 2-11　矿井排水作为间接热源的热泵系统

2.2.2.2　矿井排水取热特点

(1) 直接作为热泵系统热源时，系统简单、易于操作，初始投资小；间接利用方式则相对复杂，初始投资较大；

(2) 由于矿井水成分复杂，含有一定量的煤炭颗粒、泥沙、化学物质等，不仅硬度较大，还具有一定的酸碱度，进入热泵前需要进行科学处理；

(3) 矿井排水热泵系统在提取热能时仅改变矿井水的温度参数，其水量总量保持稳定，水质成分未发生化学变化，但提取过的矿井水须符合《煤炭工业给水排水设计规范》的水质标准后才可用于生产生活用水。

2.2.2.3　取热量计算

矿井排水水温适中且稳定，在排水量一定的情况下，其热量计算可以根据式(2-17)确定。

$$Q = c \cdot \rho \cdot V \cdot \Delta t \tag{2-17}$$

式中　Q——矿井排水余热回收热量，kW；

c——矿井排水的比热容，kJ/(kg·℃)；

ρ——矿井排水的密度，kg/m^3；

V——矿井排水量，m^3/s；

Δt——矿井排水进出换热器温差，℃。

冬季工况下矿井排水取热量：

$$Q_d = c_2 \cdot \rho_2 \cdot V_2 \cdot (t_2 - t'_2) = c_1 \rho_1 V_1 (t'_1 - t_1) \tag{2-18}$$

夏季工况下矿井排水取热量：

$$Q_x = c_2 \cdot \rho_2 \cdot V_2 \cdot (t'_2 - t_2) = c_1 \rho_1 V_1 (t_1 - t'_1) \tag{2-19}$$

式中　Q_d——冬季工况下实际换热量，kW；

Q_x——夏季工况下实际换热量，kW；

c_1、c_2——换热器工质、矿井排水的比热容，kJ/(kg·℃)；

ρ_1、ρ_2——换热器工质、矿井排水的密度，kg/m^3；

V_1、V_2——换热器工质、矿井排水的水量，m^3/s；

t_1、t'_1——换热器工质入口、出口温度，℃；

t_2、t'_2——矿井排水入口、出口温度，℃。

2.2.2.4　评价方法

矿井排水余热废热直接取热方式评价方法，请参见热泵性能评价；以下介绍间接取热方式换热能效的评价方法。

以冬季工况为例，定义一个换热器的能效参数，用来表示换热器实际取热量 $Q_{d实际}$ 与理论最大取热量 $Q_{d理想}$ 之比 ε：

$$Q_{d实际} = c_1 \rho_1 V_1 (t_1 - t'_1)$$

$$Q_{d理想} = c_1 \rho_1 V_1 (t'_2 - t'_1)$$

$$\varepsilon = \frac{Q_{d实际}}{Q_{d理想}} = \frac{c_1 \rho_1 V_1 (t_1 - t'_1)}{c_1 \rho_1 V_1 (t'_2 - t'_1)} \tag{2-20}$$

式中　ε——换热器的能效，无量纲数；

c_1——换热器工质的比热容，kJ/(kg·℃)；

ρ_1——换热器工质的密度，kg/m^3；

V_1——换热器工质的水量，m^3/s；

t_1、t'_1——换热器工质入口、出口温度，℃；

t_2、t'_2——矿井排水入口、出口温度，℃。

2.3 空压机余热

空压机，全称空气压缩机，是气源装置中的主体，压缩空气的气压发生装置。空压机将原动机（通常是电动机）的机械能转换成气体压力能，是工矿企业中最常用的空气动力提供设备，有活塞式、螺杆式及风冷、水冷等多种结构形式。目前主要以喷油螺杆式空压机为主，其使用范围较广，可广泛应用于煤矿生产等场所。图 2-12 为常用的螺杆空压机基本结构。

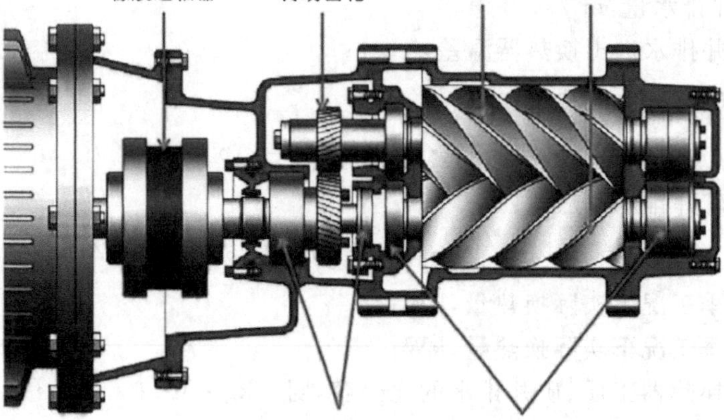

图 2-12　螺杆空压机基本结构图

空压机的工作过程中，除提供能做功的压缩空气外，还伴随着产生大量的压缩热，这些热量在通常的设计中是让其散发到压缩机组周边的大气中，或者先由冷却水带走再由水冷却塔散发到大气中。大多数空压机由电机驱动，而我国的电力是以燃烧燃料发电为主的，如果回收空压机的热量并应用到需要热量的生产、生活过程中，不但能节省能源消耗，还可减少 CO_2、SO_2 等气体的排放。

2.3.1 空压机余热产生原理

压缩空气的能源消耗占全部能源消耗的 10%～35%，属于高耗能能源，压缩机压缩空气产生大量的热能，通过冷却器散发到大气中；如若回收循环再利用，可有效降低矿井能源消耗，有良好的经济效益。

空压机将输入的电能转换为两部分能量：一是空气压缩所得到的机械势能，由于煤矿压缩空气用量不连续、不稳定，空压机输入的电能转换得到的机械势能实践证明只有 35%～30%；二是为维持井内空气压力状况与合理的排气温度，压缩机需保持高速旋转，空压机输入的电能大部分被摩擦消耗转换成热能，占输入电能的 65%～70%。空压机的连续运行，产生大量的热能无法排放，对设备寿命造成一定的影响。

2.3.2 空压机余热特点

(1) 虽然井下空压势能的需求是非连续的，空压机运转却是不间断进行的，故产生的热量持续、稳定。

(2) 压缩空气所消耗的电能，绝大部分转化为热能蕴藏在压缩空气和冷却润滑油中，热能相对比较集中，便于回收。

2.3.3　空压机余热取热方式及可取热量计算

空压机可回收余热的部分包括压缩空气、水冷管路、冷却润滑油等，不同部分的取热方式有所区别。

2.3.3.1　空压机余热取热方式及特点

空压机余热取热方式大体可以分为直接取热方式和间接取热方式两种。

1. 直接取热方式

空压机余热直接取热可分为热风直接利用技术和热水直接利用技术两种。

(1) 热风直接利用技术

风冷空压机冷却排风通常经风管排至室外，排风温度较进风温度高 10～15 ℃，通常采用热风直接利用技术对余热进行回收，即将热风直接送至需加热的场所，如冬季有采暖需求的室内、有防冻需求的井口房、常年需除湿的吊篮空间等。

热风冬季辅助加热示意图如图 2-13 所示。

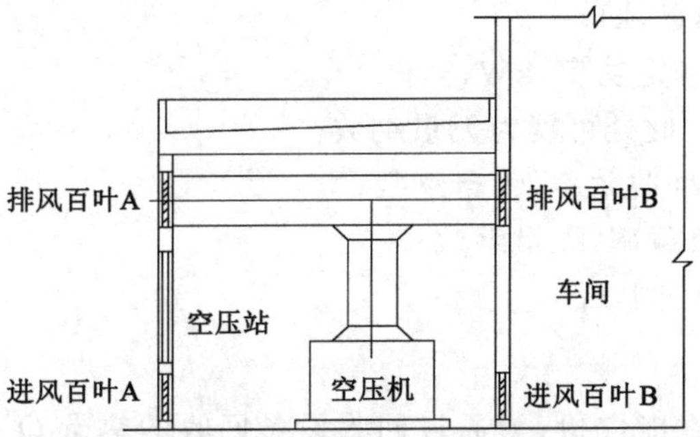

图 2-13　热风冬季辅助加热示意图

该方式特点是投资小、施工简单、余热回收效率高。

(2) 热水直接利用技术

水冷空压机吸热后的冷却水直接送至用热设备使用。受空压机性能的制约，冷却水进口温度不宜高于 33 ℃，出水温度应低于 40 ℃。若冷却水出水温度过高，将影响空压机的正常工作，甚至会导致停机故障的发生，因此此技术只适用于低温用热场所。

该方式的设计是将空压机冷却水直接引入供热系统，因冷却水水质较差且易受污染，在实际生产中鲜少采用。

2. 间接取热方式

空压机余热间接取热利用技术(图 2-14)通过在原有冷却系统中增加换热器、水泵、温控阀等设备，将高温润滑油管路和压缩空气管路接入换热器，利用水与高温油、气的换热来实现余热回收利用的目的，后续直接使用热水供热使用，或者经过热泵系统提升后使用。

此技术采用外置换热器换热，不需受空压机性能的制约，换热器的进水温度可以适当降低，一般可以直接利用自然水源，供水温度可以达到 55 ℃以上。

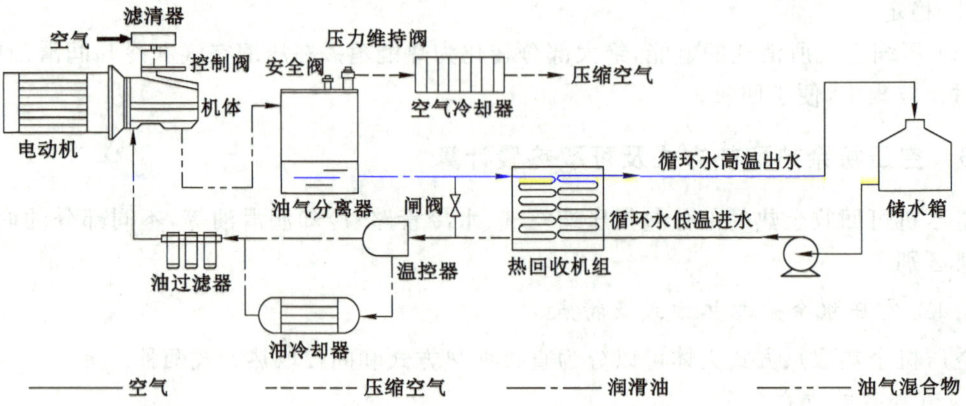

图 2-14 空压机余热间接利用示意图

2.3.3.2 取热量计算

空压机是一种将气体压缩并提供动力的设备，广泛应用于各个领域。在空压机的运行过程中，会产生大量的热量，因此需要对热量进行计算和处理。空压机的取热量计算如下：

$$Q = n \cdot P_N \cdot \eta \cdot \eta_F \cdot t \tag{2-21}$$

式中 Q——可回收的热量，kJ；

P_N——空压机的额定功率，kW；

n——空压机台数，此处可视为无量纲数；

η——热交换器热回收效率，无量纲数；

η_F——空压机的负载率，无量纲数；

t——空压机开启时间，s。

2.3.3.3 评价方法

空压机余热取热的性能评价，为通过回收设备回收的热量 Q 与空压机产生的废热 Q_η 之比 ε：

$$\varepsilon = \frac{Q}{Q_\eta} \tag{2-22}$$

式中 Q——通过回收设备回收的热量，kJ；

Q_η——空压机产生的废热，包括压缩过程产生的热能及外部供热，kJ。

2.4 洗浴废水

洗浴废水是生活污水的主要组成部分之一，相对于一般生活污水，洗浴废水流量较大、富含热量且污染程度较轻。将其处理后进行热回收利用不但减少了热能的浪费，还为污水资源化利用开辟了新途径。

2.4.1 洗浴废水余热概述

2.4.1.1 洗浴废水中的热量

对于矿山这个特殊环境而言，矿井生产人数众多，井下作业规律性强，使得洗浴人员比较集中，洗浴时间相对固定，由此产生的洗浴废水流量较大、排放时间集中且废水排水温度相近。由于在洗浴过程中，往往只利用了热水中的小部分热量，导致废水排放温度较高，一般在 30 ℃以上。如果对这部分废水余热进行回收并加以利用，可以大大减少制备热水的能源消耗，节约洗浴相关费用，利于环境保护。

2.4.1.2　*矿山洗浴废水特点*

一般来说，洗浴废水具有水量大、污染轻、富含热能且余热品质较好等特点。就矿山环境而言，煤矿工人洗浴废水具有一定的特殊性：水中含有大量小粒径煤粉灰尘，悬浮物和胶体杂质含量大且成分复杂；洗浴过程洗涤剂的使用使得排水碱性大、污垢含量大，杂质易在固体壁面附着并形成污垢层，同时排水温度的变化也会加剧污垢的形成。

2.4.2　矿井洗浴废水取热方式及可取热量计算

基于自身水质特点，矿井洗浴废水不能直接进入热泵机组蒸发换热器，在提取热量之前，需要经过严格的水处理，然后通过换热器提取余热量。即利用换热循环水从洗浴废水排水中提取余热量来满足热泵机组的需要。

1. *洗浴废水取热方式*

通过板式污水换热器取热，洗浴过程中排放的洗浴废水经过地漏收集后流入污水池中，经过严格的水处理后，与板式污水换热器(系统内称为预热过滤器)中载冷剂进行换热，然后运输至污水源热泵机组。被提取热量后的低温水，经过处理后作为中水使用或排入城市污水管网，排放过程不会造成水体热污染。污水源热泵原理如图 2-15 所示。

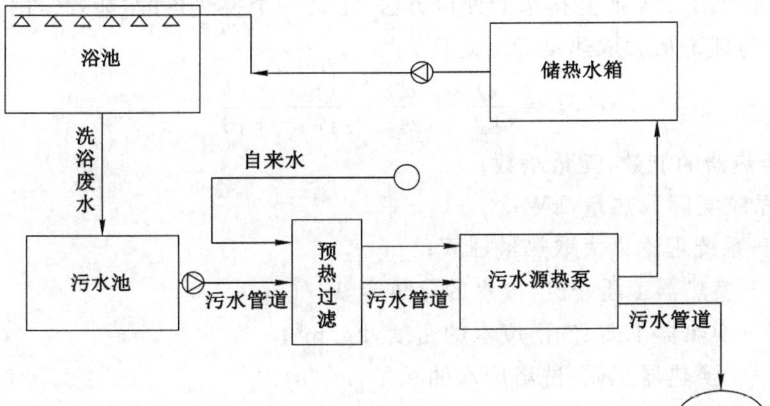

图 2-15　污水源热泵原理图

2. *洗浴废水取热特点*

(1) 对废水中的余热进行回收利用，避免了直接排放造成的水体污染和热污染。

(2) 洗浴废水所含的污杂物主要有阴离子洗涤剂(LAS)、氨氮、人体皮肤角质层、污垢、毛发以及细菌和病毒等，并且还具有一定的酸碱度，引入前需要进行严格的水处理。

(3) 浴室热泵热水系统热源单一，当洗浴人数较少时废水产率较低，一般需要配备储热装置和热辅助装置。

(4) 相比于燃煤或用电制备热水，浴室回收热泵系统的初始投资较高。

3. 取热量计算

洗浴中心洗浴温度一般设定在 40 ℃左右，排放温度一般在 30～35 ℃，余热回收潜能较大，根据供需侧负荷匹配计算设定余热回收系统所能回收的洗浴废热污水温差。在不同季节条件下，浴室的使用情况及余热回收存在较大差异。按照冬季、夏季与春秋过渡性季节分析其余热回收情况，热量计算可参照下式进行。

$$Q = \varphi \cdot c \cdot \rho \cdot V \cdot \Delta t \tag{2-23}$$

式中 Q——洗浴废水余热回收热量，kJ；

φ——因各种损耗而导致的实际水流量系数，无量纲数；

c——洗浴废水的比热容，kJ/(kg・℃)；

ρ——洗浴废水的密度，kg/m^3；

V——洗浴废水收集量，m^3；

Δt——洗浴废水进出换热器温差，℃。

此外，对全年余热回收统计可知，夏季平均洗浴次数最多、周用水量大，而且环境温度较高、洗浴热量损失少，因而回收热量最多；冬季环境温度较低，洗浴过程中散热较多，因而冬季较其他季节而言，回收热量最少；春秋过渡季节周平均洗浴次数较冬季多，热量散失较少，热回收量相对居中。设计洗浴废水余热回收系统时，应增设如空压机余热、电加热器、燃气加热器等热辅助装置，以保障不同季节热量回收差别带来的不同需求。

4. 评价方法

类似于本章 2.2.2.4 矿井排水的评价方法，定义一个换热器的"能效"，用来表示换热器实际取热量 Q 与理论最大取热量 Q_{max}之比 ε：

$$\varepsilon = \frac{Q}{Q_{max}} = \frac{c_1\rho_1 V_1 (t_1 - t'_1)}{c_3\rho_3 V_3 (t'_3 - t'_1)} \tag{2-24}$$

式中 ε——换热器的能效，无量纲数；

Q——系统实际取热量，kW；

Q_{max}——系统理论最大取热量，kW；

c_1、c_3——换热器工质、洗浴废水的比热容，kJ/(kg・℃)；

ρ_1、ρ_3——换热器工质、洗浴废水的密度，kg/m^3；

V_1、V_3——换热器工质、洗浴废水的水量，m^3/s；

t_1、t'_1——换热器工质入口、出口温度，℃；

t_3、t'_3——洗浴废水入口、出口温度，℃。

2.5 煤矿瓦斯

煤矿瓦斯又称煤层瓦斯、煤层气，是从煤和围岩中逸出的甲烷、二氧化碳和氮等组成的混合气体。瓦斯是煤矿生产中的有害因素，它不仅污染空气，而且当空气中瓦斯含量为5%～16%时，遇火会引起爆炸，造成事故。

抽采瓦斯是降低开采过程中的瓦斯涌出量、防止瓦斯超限和积聚、预防瓦斯爆炸和煤与瓦斯突出事故的重要措施。因此煤层气瓦斯抽采是煤矿安全生产必不可少的环节。

2.5.1　煤矿瓦斯资源概述

我国煤层气资源十分丰富，是世界上继俄罗斯、加拿大之后的第三大煤层气储量国，煤层气资源储量占世界排名前12位国家资源总量的13%。根据最新一轮资源评估结果，我国埋深2 000 m以浅的煤层气资源量为31.46万亿 m^3，相当于450亿t标准煤，350亿t标准油，与陆上常规天然气资源相当。

1. 煤矿瓦斯中的能源

据统计，我国埋藏于300～1 000 m之间的煤层气资源量占总资源量的29.05%，1 000～1 500 m之间的煤层气资源量占总资源量的31.6%，1 500～2 000 m之间的煤层气资源量占总资源量的37.63%，埋深1 500 m以浅的适于开发的约占总资源量的60%。21世纪是煤层气大发展的时代，煤层气是我国常规天然气最现实可靠的替代能源。抽排低浓度瓦斯若直接排空而不利用，既浪费大量洁净能源，又污染大气环境，十分可惜。低浓度瓦斯与空气（或风排瓦斯）掺混氧化综合利用技术的开发与利用，不但可以有效利用煤矿抽排的洁净能源，而且具有良好的经济效益和环境效益。

2. 煤矿瓦斯特点

(1) 对于多数煤矿来说，煤矿瓦斯存量一般较大，但存在浓度高低的差别。

(2) 很大一部分低浓度的煤矿瓦斯被直接排放掉，实际利用率偏低。

(3) 开采难度较大，设备初始投资大。

(4) 由于瓦斯易燃易爆的性质，开采和使用过程中具有一定的危险性。

2.5.2　煤矿瓦斯取用方式及利用量计算

2.5.2.1　取用方式及特点

煤层气抽采是向煤层和瓦斯集聚区域打钻，将钻孔接在专用的管路上，用抽采设备将煤层和采空区中的瓦斯抽至地面，加以利用或排放至总回风流中。一般常用的井下煤矿瓦斯抽取技术包括：井下定向长钻孔技术、顺层钻孔水力压裂增渗技术、高压空气爆破增透技术和采动区地面L形井抽采技术等。

1. 井下定向长钻孔技术

(1) 取用方法

长抽采钻孔高精度定向施工技术和装备是制约煤矿区煤层气井下抽采效果的重要因素。如图2-16所示，冷却水由井下供水管路提供，经过泵车的作用由钻井引入到钻杆中给钻头降温。开采过程中的产物随钻杆到孔口四通进行分流。其中，气态煤层气经管道直接流入瓦斯排放管路中，碎渣和水汽混合物经过气水分离器和除渣器进行分离。

(2) 技术特点

电液一体化钻机是煤矿井下大直径超长定向孔钻进成套装备，采用控制和遥控操作系统，具备大转矩输出，通过机械臂实现自动装卸钻杆控制，可采用全遥控操作钻进施工，也可通过液控操纵台实现钻机操作，具有自动化程度高、容错机制强、操作简单、劳动强度低、安全系数高、技术性能先进、输出能力大、工艺适应性强、移动搬迁方便等优点。

2. 顺层钻孔水力压裂增渗技术

(1) 取用方法

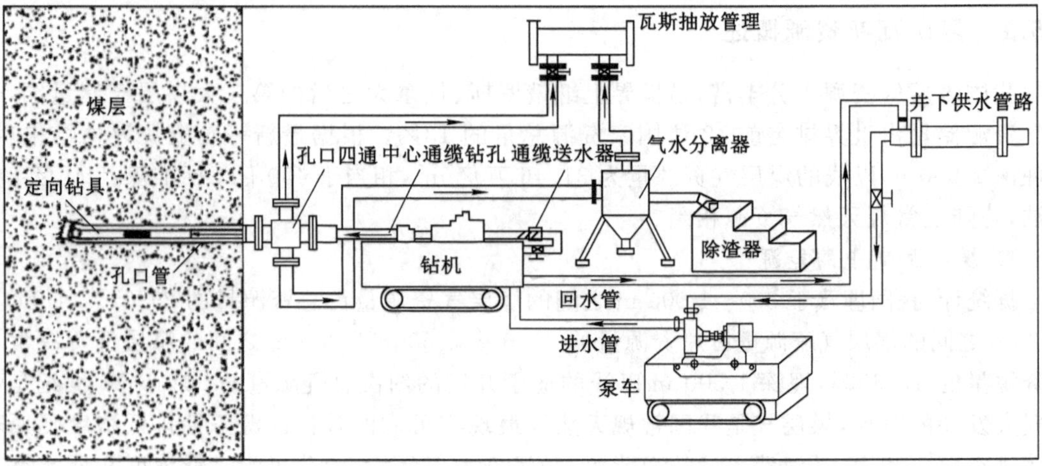

图 2-16　定向钻井系统图

水力压裂技术就是通过钻孔向煤层压入流体，当液体压入的速度远远超过煤层的自然吸水能力时，由于流动阻力的增加，进入煤层的液体压力就会逐渐上升，当超过煤层上方的岩压时，煤层内原来的闭合裂隙就会被压开形成新的流通网路，煤层渗透性就会增加，压开的裂隙就为煤层瓦斯的流动创造了良好的条件。顺层钻孔分段裂压技术如图 2-17 所示。

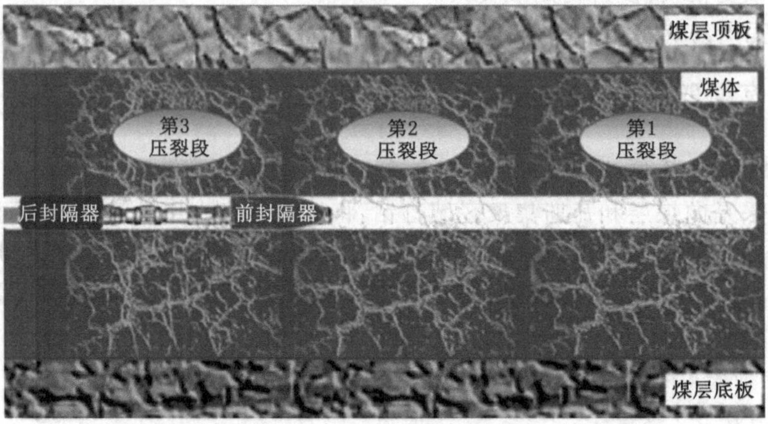

图 2-17　顺层钻孔分段裂压技术

(2) 技术特点

本方法适用于工作面压裂及定向长钻孔压裂，特别是分段压裂工艺的实现；其相对穿层压裂而言，起裂压力小、压裂安全系数高，压裂液可全部进入煤层、压裂效率高，压裂范围更广更均匀、压裂效果好。

3. 高压空气爆破增透技术

(1) 取用方法

高压气体层在钻孔瞬间释放后，产生大量高压气体和高能冲击波，使得钻孔周围煤层发生强烈变形破坏。然后，高压气体层冲击波传到钻孔周围煤体内部，并在煤体内部向深部传播。在高压气体爆破应力波作用下，煤体介质力学平衡被打破，并由此建立新的平衡。而当切向拉伸应力大于煤体的动抗拉强度时，煤体便会产生径向裂隙，并随着应力波的传播而扩展。当爆破切向拉伸应力逐渐衰减且低于煤体介质动抗拉强度时，裂隙停止扩展。在高压气体爆破应力波传播及裂隙扩展的同时，高压气体体积迅速膨胀，充填径向裂隙空间。在高压气体的尖劈作用下，煤层裂隙继续扩展，使爆破孔周围形成交叉裂隙网（图 2-18）。

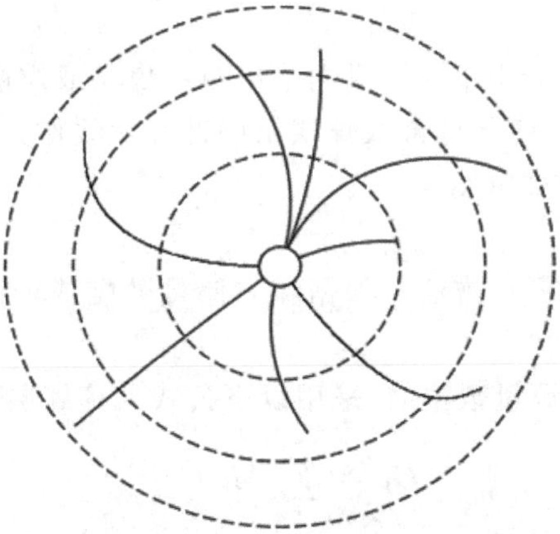

图 2-18　裂缝网示意图

（2）技术特点

该技术的最大特点是大幅提高了煤层的透气性，因此更能提高效率，也可加大保障。

4. 采动区地面 L 型井抽采技术

（1）取用方法

地面钻井进行采动区煤层气抽采就是在采煤工作面前方，预先从地面向开采煤层顶板施工钻井，并进行固井、完井，工作面推过之后，煤层上覆岩层将在纵向上形成垮落带、裂隙带和弯曲下沉带，即“竖三带”，形成煤层气的流通通道。随着地面煤层气钻井的运行，实现开采煤层和影响范围内煤层的卸压煤层气抽采，进而抽采工作面后方刚形成的采空区内的煤层气，从而有效减少工作面瓦斯的涌出量。煤矿采动区地面 L 型水平井（图 2-19）是一种结合井下高位钻孔与地面抽采直井技术特点的新型的地面瓦斯抽采井型，能够充分利用煤层采动卸压增透效应，使用负压抽采工艺抽采卸压瓦斯。

图 2-19　地面 L 型水平井

(2) 技术特点

该技术具有缩短采掘交替周期、综合成本低、有效井段长等特点。

2.5.2.2 取用量计算

煤矿瓦斯资源潜力分析应从多个方面进行全面的考虑，下文从资源量进行分析。

1. 确定计算单元

计算单元为资源评价的最小单元。纵向上以单一煤层或煤层煤质条件差别不大的煤层组为计算单元，横向上以单一煤层底部或煤层组中部埋深线作为计算单元边界，可根据实际情况进一步划分出次一级计算单元。

2. 评估地质资源量

选择体积法作为主要的评价方法。根据煤炭储量数据或资源量数据的有无，分别采用下面两种评价方法。

(1) 已知煤炭储量或资源量数据的，采用以下公式计算煤层气地质资源量，即

$$G_j = \sum_{j=1}^{n} M_{rj}\,\overline{C_j} \tag{2-25}$$

式中 G_j——第 j 个计算单元的煤层气地质资源量，$10^8\ m^3$；

n——计算单元中划分的次一级计算单元总数；

M_{rj}——第 j 个次一级计算单元的煤炭储量或资源量，10^8 t；

$\overline{C_j}$——第 j 个次一级计算单元的煤储层平均原地基含气量，m^3/t。

(2) 计算单元内尚未获得煤炭储量或资源量数据的，煤层气地质资源量计算公式为

$$G_j = \sum_{j=1}^{n} 0.001\,A_j\,\overline{h_j}\,\overline{D_j}\,\overline{C_j} \tag{2-26}$$

式中 A_j——第 j 个次一级计算单元的煤储层含气面积，km^2；

$\overline{h_j}$——第 j 个次一级计算单元的煤储层平均厚度，m；

$\overline{D_j}$——第 j 个次一级计算单元的煤储层平均原地基视密度，t/m^3；

$\overline{C_j}$——第 j 个次一级计算单元的煤层平均原地基含气量，m^3/t。

3. 评估可采资源量

在获取煤层气地质资源量后，结合评价区煤层气地质条件、开发技术工艺及勘探开发程度，选择资源可采性研究方法合理确定煤层气资源可采系数 R，煤层气可采资源量计算公式为

$$C_r = G_i R \tag{2-27}$$

式中 G_i——煤层气可采资源量，$10^8\ m^3$；

R——煤层气可采系数，%。

2.5.2.3 评价方法

定义一个功效系数 ε，表示抽取煤矿瓦斯所消耗的能量(电能)与每层可采资源总量的比值，用来表征一个煤气层区抽取煤矿瓦斯的性价比。

$$\varepsilon = \frac{E}{C_r} \tag{2-28}$$

式中 E——抽取煤矿瓦斯所消耗的能量(电能)，kW·h；

C_r——煤层气可采资源总量，$10^8\ m^3$。

第 3 章　矿山余热换热器的原理和设计

3.1　翅片管式换热器

3.1.1　翅片管的传热原理

翅片管是在原有的管子表面增加了翅片使原有的表面得到扩展，从而形成的一种独特传热元件。此类传热元件的目的是在两种介质之间的传热系数差异很大的情况下，通过在低传热系数的流体一侧加装翅片，在增大传热表面面积的同时促使流体扰动，降低传热阻力，提高换热系数，进而提高传热效率。也可以在相同的传热条件下，减少换热器的体积，从而实现更高的效率和更高的紧凑性。

在传热学中对流换热被定义为：固体表面和它接触的流体之间的换热。为了比较不同情况下对流换热的强弱，需定义一个物理量——换热系数，换热系数指单位换热面积、单位温差（表面和流体之间的温差）、单位时间内的对流换热量，其单位是 W/(m^2 · ℃)。对流换热系数常用 h 表示，其定义式为：

$$h = \frac{Q}{A\Delta T} \tag{3-1}$$

式中　Q——对流换热量，kW；

A——换热面积，m^2；

ΔT——表面温度 T_w 与流体温度 T_f 之差，$\Delta T = T_w - T_f$ 或 $\Delta T = T_f - T_w$。

影响换热系数的因素很多，往往主要取决于以下几方面：

(1) 流体的种类和物理性质，例如水和空气是截然不同的，其换热系数相差甚大；此外，还和流体的流速和流动状态有关。

(2) 流体在换热过程中是否存在相变，即是否发生沸腾或凝结。若有相变发生，则其换热系数将大大提高。

(3) 换热表面的形状和结构等。

式(3-1)仅仅是换热系数的定义，而换热系数的数值大小主要通过实验研究确定，下面给出一组常用的 h 的数值范围：

水蒸气的凝结：h=10 000～20 000 W/(m^2 · ℃)；

水的沸腾：h＝7 000～10 000 W/(m^2·℃)；

水的强制对流：h＝2 000～5 000 W/(m^2·℃)；

空气或烟气的强制对流：h＝30～100 W/(m^2·℃)；

空气或烟气的自然对流：h＝3～10 W/(m^2·℃)。

3.1.2 翅片管的分类及结构特征

从用途和结构的结合上对翅片管进行分类，大致可分为四种类型：与空气换热的翅片管，与烟气换热的翅片管，与有机介质或制冷介质换热的翅片管和用于电器元件散热的翅片管。

1. 与空气换热的翅片管

与空气换热的翅片管，在结构选择上应考虑下列特点：

(1) 空气是比较干净的流体，大多数情况下不含灰尘和杂质，不易对传热表面造成积灰和腐蚀。

(2) 空气温度和湿度受当地气候条件或工作环境的影响很大。

(3) 空气流经翅片管时的温度变化范围一般在－30～150 ℃之间。

(4) 因空气侧没有积灰和腐蚀，所以多采用铝翅片且节距很小，翅化比较高，在15～25之间，也有时采用钢翅片。

(5) 根据管内流体的种类、换热特点及温度和压力情况，基管可采用碳钢管、不锈钢管，也可采用有色金属管。

(6) 翅片与基管的结合工艺：当基管和翅片都为铝材时，有单金属整体轧制翅片管；当基管为钢、翅片为铝时，有双金属轧制翅片管、张力缠绕翅片管和L型翅片管。上述翅片管都是在圆形基管外面加工上环形翅片。此外，还有板式翅片管、圆形翅片管等。

与空气换热的翅片管应用领域主要有：发电厂用空气冷凝冷却器，炼油厂各种油品的空气冷凝冷却器，提供烘干用热风的空气加热器，制冷空调系统的冷风机和热风机，供暖用热风幕、热风器，电子设备散热器，矿山井筒换热器。

2. 与烟气换热的翅片管

翅片管在烟气中的换热环境与在空气中的换热环境相比有很大差别，它面对的是烟气的高温、腐蚀和积灰。因而，与烟气换热的翅片管在材质的选取、结构和形式上必须有相应的措施：

(1) 基管和翅片都须采用高强度的重金属，如碳钢不锈钢或耐腐蚀钢。

(2) 基管和翅片必须加工在一起，成为一体部件。一般采用焊接工艺将二者焊接在一起，或采用整体轧制，在基管上直接轧出翅片。

(3) 翅片的厚度一般在1～3 mm之间，翅片节距也较大，一般在5～10 mm之间，在特殊情况下，达20～30 mm。此外，翅片高度也不宜太高，一般为15 mm左右。在上述情况下，翅化比在5～10之间。

与烟气换热的翅片管主要应用于电站锅炉、供暖锅炉以及工业锅炉的翅片管省煤器、热管式空预器、余热锅炉以及各种工业炉的余热回收系统中。

3. 与有机介质或制冷介质换热的翅片管

在制冷空调系统中，虽然换热介质处于蒸发或冷凝的相变过程，但由于其热物理性质的特殊性，使得其换热系数很低，仅为水介质的 1/10 左右，仍需采用特殊的翅化表面来强化传热。对于各种有机流体、制冷介质以及传热性能低下的流体，为了提高其传热特性，已经开发出了各种类型的强化传热管件。在这些管件中，有的是管内有翅片，适合换热系数低的介质在管内流动；有的是管外有翅片，适合换热系数低的介质在管外流动；如果管内管外都有翅片，或都采用了扩展表面，则适合管内管外换热系数都很低、都需要强化的流体。这些管件都由铜管制成，管壁较薄，主要应用于各种制冷介质和特殊介质；大部分管径较小，一般为 16 mm 左右，是为了增强管内换热。

4. 用于电器元件散热的翅片管

翅片管或翅片散热元件被广泛应用于各种电子器件的冷却和散热上，其特点是紧凑而精巧。因为大部分电子元件的体积和散热面积很小，而且安装空间狭小，因而要求翅片散热元件紧凑性好，而且要与电子元件精巧地结合在一起。用于电子元件散热的翅片管或扩展表面有很多应用形式，常见的有翅片基板式散热器、热管式散热器、微通道散热器。

翅片管换热器由翅片管束、管箱、管板、构架等部件组成，其中，重点应该考虑的是翅片管的排列方式和管程的组成。翅片管之间的排列方式主要是为了满足管外换热和阻力的要求，而管程的组成和连接主要是为了满足管内的换热和阻力的要求。本节将分别说明翅片管的排列方式和管程的组成，并由此初步了解翅片管换热器的结构特点。

(1) 翅片管排列方式

在翅片管换热器的设计中，翅片管排列方式的选取非常重要。翅片管有两种排列方式：叉排和顺排(又称错列和顺列)。所谓叉排，是指在气流方向上管子交叉排列，而顺排是指在气流方向上管子顺序排列，如图 3-1 所示。图中的箭头表示管外流体的流动方向，S_1 表示横向管间距，S_2 表示纵向管间距。

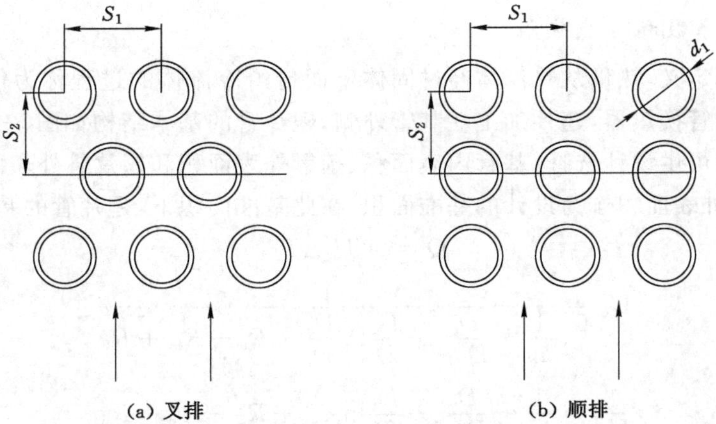

图 3-1　翅片的叉排和顺排

顺排和叉排的优缺点是：

顺排：流体在管外绕流时，受到的扰动较小，换热系数较低，但优点是阻力小。

叉排：流体在管外绕流时，受到的扰动较大，换热系数较高，但缺点是阻力较大。

当对阻力没有严格限制时，应首选叉排排列；当要求的阻力较低时，应选取顺排排列。

此外，管间距 S_1 和 S_2 的大小对换热和阻力也有很大的影响。对于叉排管束，通常采用等边三角形排列,有时也采用等腰三角形排列。

应当指出,翅片管的排列方式和管间距的选择是为了满足管外翅片侧的换热和阻力而做出的选择,是针对管外因素的选择。

(2) 管程及其连接

为了满足管内换热的要求,应保证管内介质具有一定的流速。为此,需选择每个管程中的管子数目。所以,管程是对管内介质的流动而言的。每一管程可以由一排或多排管组成,各管程之间的连接方式主要有管箱连接和弯管连接两种。

① 管箱连接

若管内流体的压力较高,一般选用大直径的圆管作为管箱,例如,在锅炉系统中,几乎都选用圆管作为管箱。在空冷器应用中,经常采用方形管箱。方形管箱的优点是可以同时连接多排翅片管,便于安装和维修。

② 弯管连接

除了第一管程和最后管程必须采用管箱连接之外,其余中间管程中的各排管最好用弯管一对一连接。其优点为:

a. 能提高换热效果。理论证明,一对一连接能避免管内流体的相互掺混,而流体的掺混是不利于传热的。

b. 能减少流体的流动阻力。因为一对一连接保证了流动截面积不变,避免了流体在连接处的膨胀和收缩。

c. 弯管能“吸收”热膨胀而产生的变形。

3.1.3 翅片管的热力计算

3.1.3.1 传热系数和传热热阻

根据传热的定义,热量从热流体经过固体壁面传给冷流体的过程称为传热过程。对于绝大多数的翅片管换热器,翅片加工在基管外侧,翅片管的基本结构如图 3-2 所示。翅片管有 3 个传热面积可供设计选择:基管内表面积、基管外表面积和翅片管外表面积。为了设计方便,选取基管外表面积作为设计的基准面积,在此基准面积下,翅片管的基本传热公式为:

$$Q = A_o U_o \Delta T \tag{3-2}$$

$$U_o = \frac{1}{\dfrac{1}{h_o} + \dfrac{D_o}{D_i h_i} + \dfrac{D_o}{2\lambda}\ln\dfrac{D_o}{D_i} + R_c + R_{fo} + R_{fi}} \tag{3-3}$$

$$\frac{1}{U_o} = \frac{1}{h_o} + \frac{D_o}{D_i h_i} + \frac{D_o}{2\lambda}\ln\frac{D_o}{D_i} + R_c + R_{fo} + R_{fi} \tag{3-4}$$

式中 Q——传热量,W;

A_o——以基管外表面积为基准的传热面积,m^2;

U_o——以基管外表面积为基准的传热系数,W/(m^2·℃);

ΔT——管内外流体之间的传热平均温度(对数平均温差),℃;

h_o——以基管外表面为基准的管外换热系数,W/(m^2·℃);

h_i——管内流体与内壁之间的对流换热系数,W/(m^2·℃);

λ——基管管壁的导热系数,W/(m·℃);

D_o、D_i——基管外径和内径，m；

R_c——翅片和基管之间的接触热阻，($m^2 \cdot ℃$)/W；

R_{fo}——翅片管的管外污垢热阻，($m^2 \cdot ℃$)/W；

R_{fi}——翅片管的管内污垢热阻，($m^2 \cdot ℃$)/W。

图 3-2 中，L 为翅片高度，t 为翅片厚度，P 为翅片节距，A_f 为翅片本身的换热面积，A_b 为翅片之间的裸管面积。

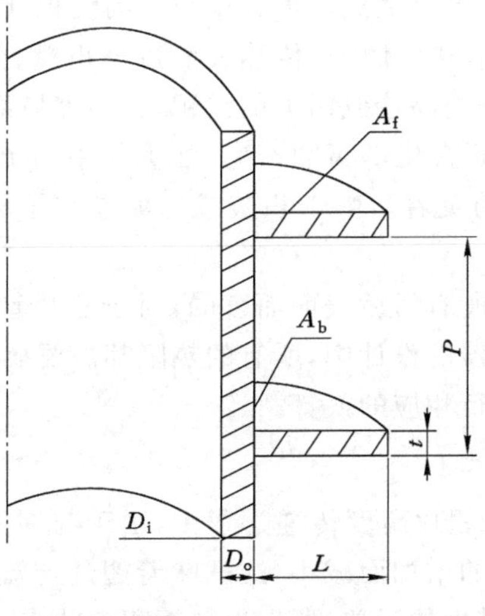

图 3-2　翅片管的基本结构

式(3-3)可以用热阻的形式来表示，即

$$R_{总} = R_o + R_i + R_w + R_e + R_{fo} + R_{fi} \tag{3-5}$$

式中　$R_{总}$——传热过程的总热阻，$R_{总} = \dfrac{1}{U_o}$；

R_o——基管外部热阻，$R_o = \dfrac{1}{h_o}$；

R_i——基管内部热阻，$R_i = \dfrac{D_o}{D_i h_i}$；

R_w——基管导热热阻，$R_w = \dfrac{D_o}{2\lambda} \ln \dfrac{D_o}{D_i}$。

其余变量解释同上。

应当指出，上述各式中的各项热阻都是以基管外表面积为基准的。选择基管外表面积作为设计计算的基准表面，原因如下：基管外表面积比较直观，容易测量，而且是购置管材的主要尺寸指标；其次，在基管外表面积上增加翅片，翅片所产生的强化换热效果应该反映在基管外表面上。

翅片管换热器与其他类型的换热器一样，存在着不同程度的污垢热阻。所谓污垢热阻，是指换热表面在与换热流体相接触并换热的同时，流体中的某些组分在换热表面上沉积而形成的附加热阻。因为沉积的污垢层通常是热的不良导体，导热系数很小，即使污垢层很薄，也会产生较大的热阻。

换热设备的污垢由复杂的物理化学过程形成，受很多因素的影响，主要有：

(1) 流体的种类和成分。对于翅片管换热器，管外流体主要是烟气和空气，管内流体在热能系统中主要是水和水蒸气。在石油化工系统中，由于各种油气及碳氢化合物等流体种类和成分不同，污垢形成的方式和成分是不一样的。

(2) 流体的温度。流体温度不同，是被加热还是被冷却，都会造成污垢形成的差别。

(3) 流体的速度。流体流速越高，流体和壁面之间的摩擦力越大，污垢越不容易附着在换热表面上；反之，流速越低，容易造成污垢在壁面上的沉积，因而会形成较大的污垢热阻。

(4) 传热表面的状况和形状。例如，传热表面过分粗糙，会比较容易吸附污垢，换热表面过分复杂或有流动死角，都容易造成污垢的沉积，且不容易清除。

(5) 如果流体与换热表面有化学腐蚀产生，如烟气中的硫酸露点腐蚀、高温氯腐蚀等，在腐蚀的同时，会加速污垢的沉着。由于积灰或污垢参与了化学反应，会形成致密的污垢层，很难清除。

污垢热阻的经验值是对所有污垢表面而言的，对于翅片管该热阻值适用于翅片管外表面或内表面。在翅片管换热器的设计中，所有的热阻都需要换算成以基管外表面为基准，因而选取的污垢热阻也需要进行相应的换算。

3.1.3.2 翅片效率和翅化比

如图 3-2 所示，热量在沿翅片高度传递过程中，由于与周围流体进行换热，翅片温度与流体温度之差随着翅片高度的增加而减小，这意味着翅片与流体之间的对流换热量在逐渐减小。在翅片根部，因为有最大的温差，所以单位面积上的换热量最大。随着翅片高度的增加，由于温差的减小，单位面积上的换热量逐渐减小。也就是说，增加一倍的翅片面积，并不能增加一倍的换热量，需要打“折扣”，为了描述翅片的这一传热特性，需要引入“翅片效率”这一概念。

翅片效率 η_f 定义为：

$$\eta_f = \frac{Q_f}{Q_0} \tag{3-6}$$

式中 Q_f——翅片的实际换热量；

Q_0——假定翅片各处温度都等于翅根温度时的换热量，即

$$Q_0 = hA_f\theta_0 \tag{3-7}$$

$$\theta_0 = T_0 - T_f$$

式中 T_0——翅根温度，℃；

T_f——翅片外流体温度，℃；

A_f——翅片本身的换热面积，m^2；

h——翅片管与外部流体之间的换热系数。

翅片本身的实际换热量为：

$$Q_i = \eta_f Q_0 = \eta_f hA_f\theta_0 \tag{3-8}$$

此外，通过翅片之间的裸管面积 A_b 的换热量为：

$$Q_b = hA_b\theta_0 \tag{3-9}$$

通过翅片管的总换热量为：

$$Q = Q_f + Q_b = h\theta_0(\eta_f A_f + A_b) \tag{3-10}$$

以基管外表面为基准的管外换热系数 h_0，对应的基管外表面积为 A_0，其换热量可写为：

$$Q = h_0 A_0 \theta_0 \tag{3-11}$$

由上述两式相等可得：

$$h_0 = h\frac{\eta_f A_f + A_b}{A_0} \tag{3-12}$$

当 $A_f \gg A_b$ 时，式(3-12)可近似写为

$$h_0 = h\eta_f \beta \tag{3-13}$$

$$\beta = \frac{A_f + A_b}{A_0} \tag{3-14}$$

式中，β 称为翅化比，表示增加翅片后，换热面积扩展的倍数。

等截面直翅片是主要的翅片形式之一。等截面矩形直翅片如图 3-3 所示。翅片的长度为 L，宽度为 Z，厚度为 t，横截面积为 A，热量从根部通过导热传给翅片，或从翅片通过导热传至根部。热量沿 x 方向在翅片中传递，并在翅片外表面与流体换热。

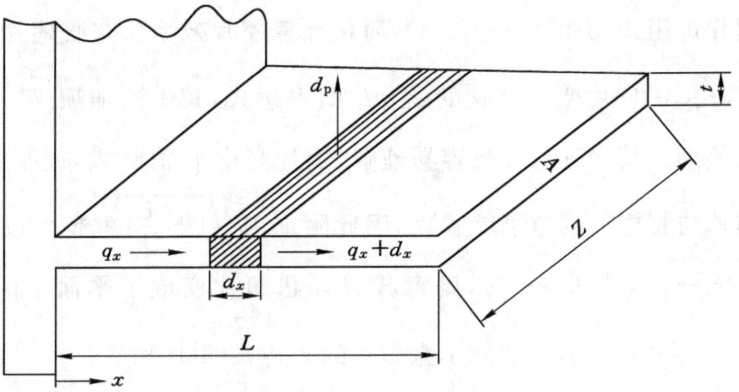

图 3-3　等截面矩形直翅片分析模型

翅片的实际换热量

$$Q = \sqrt{hp\lambda A\theta_0}\tanh mL \tag{3-15}$$

翅片效率为

$$\eta_f = \frac{Q}{Q_0} = \frac{\sqrt{hp\lambda A\theta_0}\tanh mL}{hpL\theta_0} = \frac{\tanh mL}{mL} \tag{3-16}$$

式中 p 是翅片周长。上式形式简单，便于工程计算，成为翅片效率的基本计算式。该式表明，翅片效率仅与 mL 有关，即取决于 λ、h、t、L 四个变量。

环形翅片容易加工制造，传热性能好，是一种主要的翅片形式，大多数翅片管都采用环形翅片。

与直翅片相比较，环形翅片的导热面积在翅片高度方向上是变化的，随半径的增大而增大，如图 3-4 所示。

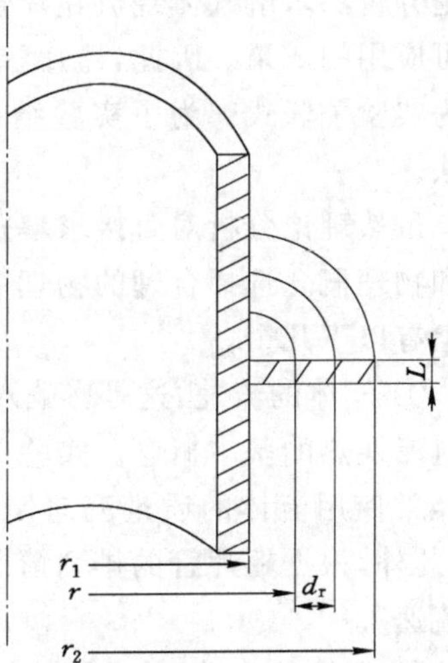

图 3-4　等厚度环形翅片

根据模型分析可得翅片效率为：

$$\eta_f = \frac{Q}{Q_0} = \frac{2}{mL(1+r_2/r_1)} \frac{J_1(mr_2)K_1(mr_1) - J_1(mr_1)K_1(mr_2)}{J_0(mr_1)K_1(mr_2) + J_1(mr_2)K_0(mr_1)} \tag{3-17}$$

式中，$m=\sqrt{\dfrac{2h}{\lambda t}}$，$L=r_2-r_1$，$J_1$、$J_0$、$K_1$、$K_0$ 为虚变量的贝塞尔函数。

用曲线图查取翅片效率有很大的随意性和不确定性，且不适于程序计算。为此，提出环形翅片效率的简化计算方法。此方法避开了复杂的计算式和曲线图，可简单地计算出翅片效率。

$$mL = L_c\sqrt{\frac{2h'}{\lambda t}} = L_c\sqrt{\frac{2h\left(1+\dfrac{L}{2r_1}\right)}{\lambda t}} = L_c\sqrt{\frac{2h}{\lambda t}}\sqrt{1+\frac{L}{2r_1}} \tag{3-18}$$

$$\tanh mL = \frac{e^{mL} - e^{-mL}}{e^{mL} + e^{-mL}} \tag{3-19}$$

$$\eta_f = \frac{\mathrm{th}(mL)}{mL} \tag{3-20}$$

对于环形翅片可用式(3-17)～式(3-20)简化计算翅片效率。与直翅片翅片效率的计算式(3-16)相比较，式(3-18)中唯一变化的是 mL 的表达式，其中附加项$\sqrt{1+\dfrac{L}{2r_1}}$即代表环状翅片与直翅片的差别。其物理意义较容易理解，翅片高度 L 值越大，或基管直径 $2r_1$ 越小，则意味着环状翅片与直翅片的差别就越大，因此附加项$\sqrt{1+\dfrac{L}{2r_1}}$就越大；反之，若基管直径趋向无穷大，即 $2r_1\to\infty$，或 $L\to 0$ 时，则意味着环状翅片变成了平面上的直翅片，附加项$\sqrt{1+\dfrac{L}{2r_1}}$趋向于 1，则式(3-18)又变成了直翅片的表达式(3-16)。

3.1.3.3 翅片管管外换热和阻力

由于翅片管表面结构的复杂性和多样性，周围流体的流场状况和速度分布难以确定，用理论分析法求解气体绕流翅片管束的换热系数几乎是不可能的，而数值解法也同样不能取得可应用的成果。因此，翅片管束的管外换热系数必须借助于实验方法求得，所得结果通常称为实验关联式。为了实验结果的推广应用，必须有足够的实验变量和科学的实验研究方法。

虽然理论分析对直接求解翅片管束管外换热系数无能为力，但可借助于对流换热的理论和物理概念选择合理的物理变量，并指导实验数据的整理。影响翅片管对流换热的主要因素有以下几个：

① 气体的流速：这是影响对流换热最重要的物理量之一，流速越高，换热能力越强。这是对流换热的基本概念。实验关联式应给出流速的实验范围，对翅片管换热器，实验关联式中经常使用流体的质量流速作为变量，因为质量流速是不随温度而变化的，用起来比较方便；此外，根据翅片管的排列情况，还要指明“迎风面上的质量流速”和“最窄流通截面上的质量流速”。

② 流体的物性：虽然绕流翅片管的流体绝大部分是气体，但因气体的种类、温度和压力的不同，其物理性质是不同的，因而也会影响对流换热的强度。

③ 翅片的几何特性：翅片有等截面翅片、变截面翅片、直翅片、环状翅片，还有很多特殊

形状的翅片，如钉头（圆柱）翅片、H 型翅片、开型翅片等。对每种不同形状的翅片都需单独进行实验，得出适用的实验关联式。

对同一种形状的翅片管，影响管外换热的几何特性有：基管直径 D_0，翅片高度 L 或 H，翅片厚度 t，翅片节距 Y（或翅片间隙）。

对于翅片管束，还需要考虑翅片管的排列形式（顺排或叉排），以及排列的疏密程度（横向管间距 S_1，纵向管间距 S_2）。

翅片管换热器阻力计算：

$$\Delta p = f\frac{G_{\max}^2}{\rho g}N \tag{3-21}$$

式中　Δp——阻力损失，mmH_2O；

f——摩擦阻力系数；

$G_{\max}$——最窄截面处气体质量流量，$kg/(m^2 \cdot s)$；

ρ——气体密度，kg/m^3；

g——$9.8\ m/s^2$；

N——管排数。

$G_{\max}$按如下公式计算：

$$G_{\max} = \frac{Q}{A_2} \tag{3-22}$$

式中　A_2——最窄截面处断面面积，m^2，对于叉排翅片管束，一般是断面面积的一半；

Q——气体的质量流量，$kg/(m^2 \cdot s)$。

摩擦阻力系数 f 按下式计算：

$$f = 18.93\left(\frac{d_0 \times G_{\max}}{\mu_1}\right)^{-0.316}\left(\frac{S_1}{d_0}\right)^{-0.927}\left(\frac{S_1}{S_2}\right)^{0.515} \tag{3-23}$$

式中　d_0——基管直径，m；

μ_1——气体的动力黏度，$Pa \cdot s$；

S_1——翅片管横向间距，m；

S_2——翅片管纵向间距，m；

工程中管束常为叉排三角形管束，按 $S_2 = S_1 \sin 60°$计算。

实际阻力

$$\Delta p_{实际} = \varepsilon \Delta p_{理论}$$

式中　ε——修正系数，$\varepsilon = 0.54$。

3.1.4　翅片管式换热器在矿山领域中的应用

翅片管式换热器作为一种高效、节能的换热设备，在煤矿生产中得到了广泛应用。翅片管式换热器通过增加翅片数量，扩大了换热面积，从而提高了换热效率。这种设计有助于更有效地利用热能，提高生产效率，并且节能降耗，降低煤矿生产成本，在其他系统也有应用。

(1) 在煤矿矿井通风系统中，翅片管式换热器利用其独特表面积可用于回收和利用矿井排出的热能，提高矿井的通风效率，降低能耗。

(2) 在煤矿锅炉系统中,翅片管式换热器可用于回收锅炉排烟中的热能,提高锅炉热效率,减少能源浪费。

(3) 在煤矿水处理系统中,翅片管式换热器可用于对废水进行加热或冷却处理,提高废水处理效率,保护环境。

3.2 热管换热器

3.2.1 热管的传热原理

热管一般由管壳、吸液芯和端盖构成,吸液芯紧贴于热管内壁。热管内先被抽成负压状态后充入适量的液体工质,使得工质充满于吸液芯毛细多孔材料中,最后加以密封。热管一端为加热段(蒸发段),另一端为冷却段(冷凝段),可依据实际应用的需求在两端中间部分设置绝热段。当热管的蒸发段受热时,吸液芯中的液体工质被蒸发汽化,在微小的压差作用下蒸汽流向冷凝段并放出热量凝结成液体,液体再沿毛细多孔材料依靠毛细力的作用流回蒸发段。热管原理如图 3-5 所示。

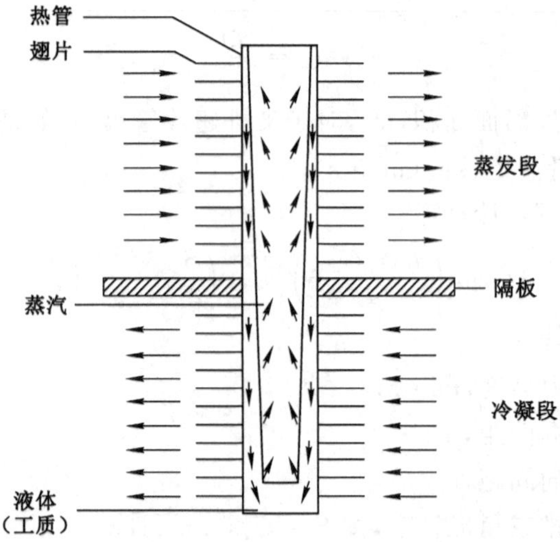

图 3-5 热管原理图

3.2.2 热管换热器的分类及结构特征

1. 气-液型重力式热管换热器

气-液型重力式热管换热器(图 3-6)由单支热管组合而成,每根热管独立运行,冷热流体被隔板分离。隔板下侧为高温烟气侧,上侧为水侧。高温烟气所携带热量流经热管蒸发段时,管内工质受热发生相变汽化,经绝热段将热量传递至冷凝段,冷流体被加热,工质冷却回流,在重力及毛细作用力下回流至蒸发段,依次完成热量的传递。

2. 气-气型重力式热管换热器

气-气型重力式热管换热器(图 3-7)是由许多单根热管组成的热交换器,通过这类换热器进行热交换的两种流体均是气体。在冷热流体间加设隔板,排风侧在下,送风侧在上。高温排气所携带热量通过热管加热段时,管内工质受热蒸发汽化,蒸汽经绝热段传递热量至冷却段,冷流体受热,工质放热凝结为液体,靠重力及毛细力的作用,向加热段回流,这样周而复始,完成热量传递。

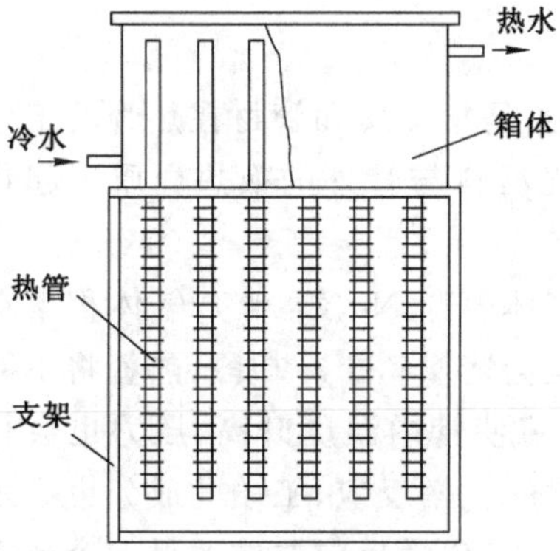

图 3-6　气-液型重力式热管换热器结构图

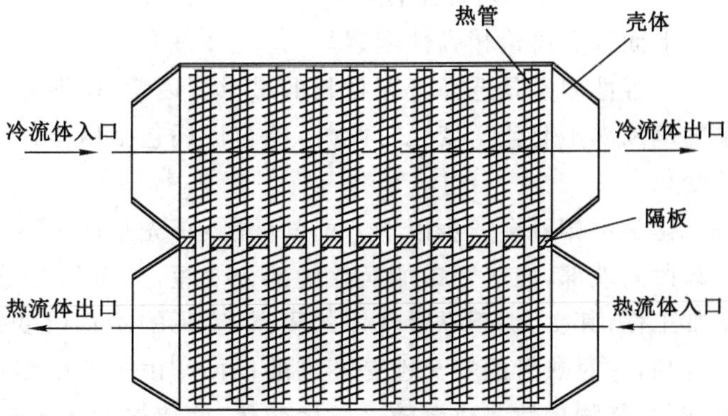

图 3-7　气-气型重力式热管换热器结构图

3.2.3　热管换热器的工质和管材选择

热管传递热量是通过工质发生相变过程实现的,因此工质的各种物性参数在很大程度上影响着热管的工作特性。对于工质液体的选用通常从以下几个方面考虑:

(1) 工质液体有合适的饱和蒸汽压力,能够适应热管的工作温度环境;

(2) 工质液体的热稳定性必须良好,能够与壳体、吸液芯相容;

(3) 工质液体必须具有优良的综合热物理性质;

(4) 是否具有毒性、是否经济实惠、是否污染环境等。

热管所用的工质范围很广泛,−269 ℃用氦,到 892 ℃用锂。在 50～250 ℃范围内应用水做工质的优越性最明显。在稍低一些的温度范围内(−60～100 ℃),用氨做工质。

就热管换热器的应用来说,其可能的温度范围很宽,从−30～−50 ℃到+1 000～1 200 ℃。其中,可分为三个温度区间:

(1) 低温区:温度为−30～100 ℃,如空调、干燥设备应用的热管换热器;

(2) 中温区:温度为 100～350 ℃,如烟道气余热回收应用的热管换热器;

(3) 高温区:温度为 350～1 200 ℃,如各种高温窑炉、工业炉的余热回收热管换热器。

热管管内的工作温度 T_V,由下式进行计算:

$$T_V = \frac{T_1 + nT_2}{1 + n} \tag{3-24}$$

式中　T_1——热源温度,℃;

T_2——冷源温度,℃。

此处 $n=\dfrac{U_2A_2}{U_1A_1}$,A_1、A_2 分别为加热段和冷却段的传热面积;U_1、U_2 分别为加热段和冷

却段的局部传热系数。

当热管的工质选定之后，应选择热管的管材。管壳材料的选择要考虑下列三方面因素：

(1) 相容性因素：工质和管壳材料不起化学变化，不能互相溶解；

(2) 物性因素：管壳材料具有良好的强度性能和传热性能；

(3) 经济性和可加工性等。

下面重点讨论相容性因素。

相容性因素是选择管壳材料的最重要因素，所谓相容性，是指工质和管材在热管的工作温度范围内不起化学变化。此外，相容性还包括所选的管壳材料与管外的换热介质不起化学变化。

化学不相容会产生以下方面的问题：首先是产生不凝气体(H_2、N_2、O_2 等)，气体积聚在冷却段的端部，使热管参加换热的部分变短，久而久之，甚至会堵塞整个冷却段，热管将不能正常工作；其次，由于不凝气体的积累，实际的冷却段变短，将使管内温度升高，压力也会相应升高，这对热管的安全性是不利的；再者，由于工质和管材的化学反应，工质的成分也会发生变化，其物理性能也会随之发生变化，使传热性能下降；最后，化学反应造成的另一个严重后果是使管壳变薄，使热管的强度和安全性大大下降。

确定工质与管材的相容性，除了借助于电化学的知识作初步的预测之外，主要依靠寿命实验。热管的寿命实验一般是这样进行的：将要检测的热管试样一端插到热源当中；热源可以是工厂的烟道气，或电炉，或热的油箱，而热管的另一端则暴露于冷源当中，冷源可以是空气的受迫流动，或空气的自然对流，也可以是一个冷水的夹套。在热管的某一工作温度下，定期地检测热管的轴向温度分布，由温度分布曲线来监视管内不凝气体的产生，因为不凝气体的积聚会造成冷却段端部温度的明显下降。

3.2.4 加热段和冷却段长度比选择

热管换热器加热段和冷却段的长度比是一个重要的设计参数，也是热管换热器所独有的设计课题。热管元件的两个传热面积是可以人为选取的。长度比的选择不但能直接影响热管换热器的传热和阻力性能，而且还影响热管的经济性能。

选择长度比的原则是：首先计算经济长度比值和流通长度比值，然后再求出安全长度比值。如果经济长度比值和流通长度比值均小于安全长度比值，那么热管换热器的设计是安全的；否则，需要逐一校核并修改设计参数，重新计算、校核安全性。

首先确定热管长度与迎风面积：

热管换热器设计要求限制迎面风速在 2～3 m/s 内，因为风速过低会降低管外传热系数，管子的传热效果不佳，而风速过高会增大压力和动力消耗。

取回风侧和进风侧迎风速度分别为 u_h、u_c，则

回风侧迎风面积：$A_h=\dfrac{V_{01}}{3\ 600u_h}$，其中 V_{01} 表示热流体的质量流量，kg/h；

进风侧迎风面积：$A_c=\dfrac{V_{02}}{3\ 600u_c}$，其中 V_{02} 表示冷流体的质量流量，kg/h。

通常情况下，热管换热器两侧迎风面积设计成正方形或接近正方形的形状，这是为了保证气流的均匀性。对于气-气热管换热器，回风侧与进风侧迎风面管束宽度 E 相同，则迎风

面管束宽度为 $E_h=E_c$，蒸发段长为 l_h，冷凝段长为 l_c，热管总长度为 $l=l_h+l_c$。

气流最小截面上的流速大小直接决定着管束间距的大小。最小截面处的流速在结构上不仅直接影响密封、积灰、磨损状况等，还对换热器噪声、振动、流动阻力、换热系数等产生较大作用。因此管束的横向间距 S_t 通常按照经验公式(3-25)选取，其纵向间距 S_l 按照经验公式(3-26)选取。

$$S_t = (1.05 \sim 1.5)d_f \tag{3-25}$$

式中　d_f——翅片外径，mm。

$$S_l = \frac{\sqrt{3}}{2}S_t \tag{3-26}$$

流通长度比：

$$L_{流} = \frac{M_1}{M_2} \times \frac{G_1}{G_2} \tag{3-27}$$

式中　M_1——热流体质量流量，kg/h；

M_2——冷流体质量流量，kg/h；

G_1——热流体质量流速，kg/(m^2·s)；

G_2——冷流体质量流速，kg/(m^2·s)。

经济长度比：

$$L_{经} = \left(\frac{M_1}{M_2}\right)^{-0.538} \tag{3-28}$$

安全长度比：

$$L_{安} = \left(\frac{G_2}{G_1}\right)^{0.7} \times \frac{T_V - T_2}{T_1 - T_V} \tag{3-29}$$

式中　T_V——蒸汽温度，℃；

T_1、T_2——加热段、冷却段管外流体温度，℃；

3.2.5　热管的换热计算

3.2.5.1　热管的热阻

热管从热源吸收热量传给冷源的过程是一个传热过程。设热源的温度为 T_h，冷源的温度为 T_c，$\Delta T=T_h-T_c$，构成了传热过程的温差。

翅片管的基本传热公式为：

$$Q = A_o U_o \Delta T \tag{3-30}$$

式中，U_o 和 A_o 分别是传热系数和传热面积。

对于热管传热面积的选取有两种方案：选取蒸发段传热面积或选取凝结段传热面积，一般选取蒸发段基管外表面。即：

$$A_o = \pi d_o L_1, Q = A_o U_o \Delta T, R = \frac{1}{U_o} = \frac{\Delta T A_o}{Q} \tag{3-31}$$

式中　d_o——基管外径，m；

L_1——蒸发段长度，m；

U_o——以蒸发段基管外表面积为基准的传热系数。

下面介绍一些局部传热过程。

1. 蒸发段外表面的传热及其热阻

假定热源温度为 T 的流体,热源向蒸发段外表面的传热是个对流换热过程。其热阻为:

$$R_1=\frac{1}{\pi d_o L_1 \alpha_1} \tag{3-32}$$

式中 $\pi d_o L_1$——蒸发段的外表面积,m^2;

α_1——以外表面积为基准的管外放热系数,W/(m^2 · ℃)。

2. 管壁的径向导热及其热阻

$$R_2=\frac{\ln\left(\frac{d_o}{d_i}\right)}{2\pi\lambda_w L_1} \tag{3-33}$$

式中 λ_w——管壁材料的热导率,W/(m · ℃)。

3. 吸液芯的径向传热及热阻

吸液芯中工质除了导热之外,往往还有对流,这就使问题复杂化了。对于浸满工质的吸液芯仅仅靠导热来传递热量时,则可应用传热学中的圆筒壁导热公式计算。

$$R_3=\frac{\ln\left(\frac{d_i}{d_v}\right)}{2\pi\lambda_e L_1} \tag{3-34}$$

式中 d_v——管内蒸气空间的管径,mm;

d_i——热管管壁的内径,mm;

λ_e——当量导热系数,W/(m · ℃),它与管芯材料和工质的导热性有关。

4. 蒸发传热热阻

由于不断地加热,蒸发在气-液界面上连续进行。此热阻为

$$R_4=\rho\frac{RT_v^2\sqrt{2\pi RT}}{r^2 p_v \pi d_v L_1} \tag{3-35}$$

式中 r——汽化潜热,kJ/kg;

p_v——蒸气压力,Pa;

T_v——蒸气温度,℃;

R——气体常数,kJ/(kg · ℃)。

5. 蒸气轴向流动传热及热阻

由热管内部的蒸气流动所产生的热阻,此热阻为

$$R_5=\frac{128L_e\mu_v T_v}{\pi d_e^4 p_v^2 \gamma} \tag{3-36}$$

式中 L_e——热管的有效长度,m;

μ_v——蒸气的动力学黏度系数,kg/(m · s);

p_v——蒸气密度,kg/m^3;

T_v——蒸气温度,℃;

γ——汽化潜热,kJ/kg。

热管的传热和导热的所有热阻及其公式见表 3-1,表中还列出了每项热阻的概略数值范围。

表 3-1 热管传热导热热阻公式

传热热阻	公式	概略值/(℃/W)
蒸发段管壁外表面的传热热阻 R_1	$R_1=\frac{1}{\pi d_o L_1 \alpha_1}$	$10^3 \sim 10$
蒸发段管壁的径向导热热阻 R_2	$R_2=\frac{\ln\left(\frac{d_o}{d_i}\right)}{2\pi\lambda_w L_1}$	10^{-1}
蒸发段无吸液芯径向传热热阻 R_3	$R_3=\frac{\ln\left(\frac{d_i}{d_v}\right)}{2\pi\lambda_e L_1}$	10^{-1}
液-气交界面蒸发传热热阻 R_4	$R_4=\rho\frac{RT_v^2\sqrt{2\pi RT}}{r^2 p_v \pi d_v L_1}$	10^{-5}
蒸汽轴向流动传热热阻 R_5	$R_5=\frac{128L_e\mu_v T_v}{\pi d_e^4 p_v^2 \gamma}$	10^{-8}
气-液交界面冷凝传热热阻 R_6	$R_6=\frac{RT_v^2\sqrt{2\pi RT_v}}{r^2 p_v \pi d_v L_2}$	10^{-5}
凝结段无吸液芯径向传热热阻 R_7	$R_7=\frac{1}{\pi d_i L_2 \alpha_c}$	10^{-1}
冷凝段管壁的径向导热热阻 R_8	$R_8=\frac{\ln\left(\frac{d_o}{d_i}\right)}{2\pi\lambda_w L_2}$	10^{-1}
冷凝段管壁外表面的传热热阻 R_9	$R_9=\frac{1}{\pi d_0 L_2 \alpha_2}$	$10^3 \sim 10$

3.2.5.2 热管传热温差及热管数

(1) 求传热对数平均温差

$$\Delta T_m = \frac{\Delta T' - \Delta T''}{\ln \frac{\Delta T'}{\Delta T''}} \tag{3-37}$$

$$\Delta T' = T_1 - t_2, \quad \Delta T'' = T_2 - t_1$$

式中 T_1——热流进口温度,℃;

T_2——热流出口温度,℃;

t_1——冷流进口温度,℃;

t_2——冷流出口温度,℃。

(2) 求热管总根数

加热侧总传热面积:

$$A_H^h = \frac{Q_c}{U_H \Delta T_m} \tag{3-38}$$

式中 Q_c——总传热量;

U_H——换热器传热系数,W/(m^2·℃)。

所需的管子数目:

$$n = \frac{A_H^h}{A_h^h} \tag{3-39}$$

式中　A_{h}^{h}——单根热管传热面积，m^{2}。

换热器纵深排数：

$$m=\frac{n}{B} \tag{3-40}$$

式中　B——每排热管根数。

3.2.5.3　热管翅片计算

翅片的高度是影响强化传热效果的最重要因素。当翅片高度增大时，对流换热的接触面积也随之增大，增加了翅片管的换热量；同时，翅片平均温度下降，翅片效率降低，这对强化换热的效果也产生了一定的影响。所以，由以上分析可断定中间必存在一个最优值，而且与翅片厚度、对流换热系数、翅片均有关。在热管换热器设计中常根据经验选取翅片高度l_{f}，$l_{f}\approx d_{o}/2$。

只有综合考虑翅片的制造工艺、机械强度以及磨损、腐蚀等多方面因素，才能准确选定翅片厚度。通过增加翅片厚度来增大换热面积，这种办法在提升翅片效率的同时，还增加了流体流动阻力，又从一定程度上影响了换热效果。在多灰的腐蚀性气流中，厚度常选用0.8～1.2 mm；清洁气流中，通常选0.5～0.8 mm。另外，翅片高度与厚度保持下列关系时翅片管设计较为合理：

$$l_{f}/\delta_{f}=0.71\sqrt{\frac{2\lambda}{\alpha\delta_{f}}} \tag{3-41}$$

式中　l_{f}——翅片高度，mm；

δ_{f}——翅片厚度，mm；

λ——翅片热导率，W/(m・℃)；

α——翅片的放热系数，W/(m^{2}・℃)。

仅仅强调强化传热，越小的翅片间距，越大的翅化比，即越大的扩展换热面积，则传热强度越大。但翅片间距必须大于相邻两翅片表面间流动边界层厚度之和，因为只有这样才能避免边界层的相互作用。除此之外，还应考虑积灰、清灰、翅片间距、翅片形式及工艺要求等方面因素。我国生产的热管换热器，通常对多灰气体的要求较高，翅片间距一般在6～15 mm范围内选取；而对清洁气体的要求较低，一般在3～6 mm范围内选取。

综合考虑矿井回风温度低、湿度高、风量大以及粉尘多等特点，对矿井回风用低温热管换热技术的结构设计计算。翅片管相关计算公式如下：

(1) 基管质量：

$$m_{o}=\pi\left[\left(\frac{d_{o}}{2}\right)^{2}-\left(\frac{d_{o}}{2}-\delta\right)^{2}\right]L\rho_{1} \tag{3-42}$$

式中　d_{o}——基管的外径，m；

L——基管的管长，m；

δ——基管的壁厚，m；

ρ_{1}——基管材料的密度，kg/m^{3}。

(2) 翅片质量：

$$m_{f}=\frac{L_{f}}{t}\pi\left[\left(h_{f}+\frac{d_{o}}{2}\right)^{2}-\left(\frac{d_{o}}{2}\right)^{2}\right]\delta_{f}\rho_{2} \tag{3-43}$$

式中　L_f——翅片的高度，m；

t——翅片节距，m；

ρ_2——翅片材料的密度，kg/m³；

h_f——管外流体换热系数，W/(m²·K)。

(3) 翅片管总质量：

$$m_{总} = m_o + m_f \tag{3-44}$$

(4) 光管表面积：

$$A_g = d_o \pi L \tag{3-45}$$

(5) 裸露基管表面积：

$$A'_g = A_g - \frac{l_f}{t} d_o \pi \delta_f \tag{3-46}$$

(6) 翅片外表面积：

$$A_f = \frac{l_f}{t}\left\{2 \cdot 2\pi\left[\left(l_f + \frac{d_o}{2}\right)^2 - \left(\frac{d_o}{2}\right)^2\right] + 2\pi\left(l_f + \frac{d_o}{2}\right)\delta_f\right\} \tag{3-47}$$

(7) 翅片管总传热面积：

$$A_{总} = A'_g + A_f \tag{3-48}$$

(8) 翅化比：

$$\beta = \frac{A_{总}}{A_g} = \frac{A'_g + A_f}{A_g} \tag{3-49}$$

(9) 翅片效率：η_f 与 $l_f\left(\frac{2h_f}{\lambda_w \delta_f}\right)^{1/2}$ 和 r_f/r_o 的函数关系式有关。

3.2.6　热管的设计计算

气-气型热管换热器的热流体和冷流体都是气体，最典型的实例是烟气加热空气的热管空气预热器。气-气型热管换热器因两侧都是气体换热，两侧都需要翅片管加强换热。

设计步骤如下：

(1) 已知条件：给出冷热两流体的流量、进出口温度，并计算出热负荷；

(2) 热管工质的选择；

(3) 加热段和冷却段长度比的选择；

(4) 选择冷热流体的质量流速，并确定冷热流体的迎风面积；

(5) 选择翅片管型号和参数；

(6) 管外换热系数计算；

(7) 传热系数 U 的计算，包括各项热阻的计算；

(8) 传热温差的计算；

(9) 计算总传热面积、热管数目及管排数；

(10) 阻力计算，包括热流体侧阻力计算和冷流体侧阻力计算；

(11) 热管极限传热能力的计算。

3.2.7　热管换热器在矿山领域中的应用

热管换热器在矿山中的应用主要集中在矿井回风的余热回收上。矿井回风中含有大量的低品位热能，这种热能可以被热管换热器提取出来，然后用于预热新风，以保证矿井内的空气质量符合规定标准，同时也满足矿井井口防冻的需求。

在实际应用中，热管换热器通常采用分离式设计，这样可以有效地应对矿井环境中高度差、风量和管径等因素的变化。此外，热管换热器的设计和使用还需要考虑材料的耐久性和适应性，因为矿井环境比较特殊，需要确保设备能够在恶劣的环境中长期稳定运行。

热管换热器的使用给矿山带来了显著的经济效益和社会效益。具体表现为：一方面通过减少对燃煤锅炉的依赖，降低煤炭消耗和空气污染；另一方面则有助于促进矿山清洁能源供应体系的形成，这对于实现“双碳”目标具有重要意义。

3.3 间壁式换热器

3.3.1 间壁式的传热原理

间壁式换热器是一种通过固体间壁进行热交换的设备，它允许冷热流体在间壁两侧流动，通过间壁进行热量传递。在间壁式换热器中，热量主要通过热传导的方式从热流体传递到冷流体，同时也可能伴随着对流和辐射等其他传热方式。传热效率受到多种因素的影响，包括流体的物理性质、温度、流速、间壁材料和厚度等。

3.3.2 间壁式换热器的分类及结构特征

间壁式换热器在实际应用中比较常用的形式有管壳式换热器、板式换热器、翅片管式换热器。

根据换热介质状态，其类型可以分为：气-液间壁式换热器与液-液间壁式换热器。

(1) 气-液间壁式换热器

气-液间壁式换热器工作时，一种流体（气体）在管内流动，而另一种流体（液体）则在管外流动。由于管壁的隔热作用，两种流体不会发生混合，而是通过管壁进行热交换。热量的传递主要靠热传导和对流换热来实现。

(2) 液-液间壁式换热器

液-液间壁式换热器是利用两种流体之间的温差来实现能量的转移。具体来说，这两种流体会被一层固体壁面（通常是金属管或板）隔开，不相混合，通过这层壁面进行热交换。

3.3.3 间壁式的热力计算

本节重点介绍管内单相流体的对流换热，并推荐计算换热系数的实验关联式。管内对流换热在传热领域已有充分的研究，有很多研究成果。本节将推荐较成熟的关联式以供设计选用。

3.3.3.1 管内流动换热关联式

1. 管内湍流换热关联式

一般来说，管内 $Re \gg 10^4$ 时的换热属于管内湍流换热，在这一领域，有各种不同形式的实验关联式，下面推荐简单而适用的关联式：

$$Nu_{f} = 0.023Re_{f}^{0.8}Pr_{f}^{n} \tag{3-50}$$

式中，Re 为雷诺数，Pr 为普朗特数。下标 f 代表以流体平均温度作为选取物性值的定性温度，选取内径 D_{i} 作为特征尺寸。实验范围 $Re_{f}=10^{4}\sim1.2\times10^{5}$，$Pr_{f}=0.7\sim120$，$L/D_{i}\gg60$，其中 L 为管子长度。

式(3-50)可表示为：

$$h_{i} = 0.023\left(\frac{\lambda_{f}}{D_{t}}\right)\left(\frac{D_{i}G_{m}}{\mu_{f}}\right)^{0.8}Pr_{f}^{n} \tag{3-51}$$

式中　h_{i}——管内对流换热系数，W/(m² · ℃)；

D_{i}——管内径，m；

G_{m}——管内质量流速，kg/(m² · s)；

λ_{f}——管内流体的导热系数，W/(m² · ℃)；

μ_{f}——黏度系数，kg/(m² · ℃)。

式(3-51)中的 Re 数也可以表示为：

$$Re = \frac{D_{i}G_{m}}{\mu_{f}} = \frac{D_{i}\rho_{f}v}{\mu_{f}} \tag{3-52}$$

式中　v——流体的线速度，m/s；

ρ_{f}——流体密度，kg/m³。

为了显示各物理量对换热系数的影响大小，也可以将式(3-52)写成：

$$h_{i} = 0.023\lambda_{f}^{0.6}D_{i}^{-0.2}\mu_{f}^{-0.4}c_{p}^{0.4}(\rho f v)^{0.8} \tag{3-53}$$

式中　c_{p}——流体质量比定压热容，J/(kg · ℃)。

由式(3-53)可以看出：

(1) 换热系数 h_{i} 与流体的导热系数 λ_{f} 的 0.6 次幂成正比。

(2) 换热系数 h_{i} 与管子内径 D_{i} 的 −0.2 次幂成正比，即管径越大，换热系数越小。所以为了保证管内有较高的换热系数不宜选用大的管径。

(3) 换热系数 h_{i} 与黏度系数 μ_{f} 的 −0.4 次幂成正比，即随着管内流体黏度的增大，管内换热系数将明显下降。若管内流动的是液态油品，由于油品(如机油、原油等)的黏度系数随温度的降低而急剧增大，从而使管内换热系数大幅下降。

(4) 换热系数 h_{i} 随管内质量流速 G_{m}(即 $\rho_{f}v$)的 0.8 次幂成正比，这是可以理解的，并且是对流换热的普遍规律。所以，在设计翅片管换热器时要选择合理的管内质量流速。

2. 管内层流换热关联式

在翅片管换热器的设计过程中，经常会遇到管内流速很低的情况，当管内 $Re<2\,300$ 时，流动状态为层流，管内换热系数应该用层流的关联式计算。当管内 $2\,300<Re<10^{4}$ 时，虽然处于层流和湍流的过渡区，但仍可用层流公式计算使设计偏于安全。

$$h_{i} = 1.86\left(\frac{\lambda_{f}}{D_{i}}\right)(RePr)^{1/3}\left(\frac{D_{i}}{L}\right)^{1/3}\left(\frac{\mu_{f}}{\mu_{w}}\right)^{0.14} \tag{3-54}$$

式中，L 为管内流体的流动长度。除黏度 μ_{w} 按壁面温度取值之外，其他物性均按流体的平均温度取值。

式(3-54)应用范围：$Re<2\,300$，$0.6<Pr<6\,700$，$RePr\dfrac{L}{D_{i}}>100$。

3.3.3.2 管内流动阻力

1. 湍流($Re \geqslant 10^4$)状态阻力计算

$$\Delta P = f\frac{L\rho v^2}{D_i 2} \tag{3-55}$$

式中 ΔP——流动阻力,Pa;

L、D_i——流程长度和管内径,m;

ρ——流体密度,kg/m^3;

v——管内平均流速,m/s;

f——阻力系数,由实验关联式确定:

$$f = 0.316Re^{-\frac{1}{4}} \tag{3-56}$$

式(3-56)的选用范围:$Re=10^4 \sim 2\times10^5$,与式(3-50)的适用范围相同,由式(3-55)、式(3-56)可得:

$$\Delta P = 0.316 \times \frac{L}{D_i} \times \frac{\rho v^2}{2} \times Re^{-0.25} \tag{3-57}$$

式中 Re——管内雷诺数,$Re=\frac{D_i \rho v}{\mu}$。

2. 管内层流($Re \leqslant 2\ 300$)状态阻力计算

管内层流阻力的理论分析式为:

$$\Delta P = 32 \times \frac{L\mu v}{D_i^2} \tag{3-58}$$

式中 ΔP——流动阻力,Pa;

L——流程长度,m;

μ——介质黏度,$kg/(m^2 \cdot ℃)$;

v——介质平均流速,m/s;

D_i——内径,m。

3.3.4 间壁式换热设计计算及材质比选

由于间壁式取热属于翅片管取热的一种,故其设计计算及其工质、管材等比选方案可参照本章3.2、3.3对应内容。

3.3.5 间壁式换热器在矿山领域中的应用

间壁式换热器在矿山领域的应用主要集中在矿井回风余热的回收利用,以及矿山深部开采水力通风系统的换热结构研究。

例如,有研究提出了利用乙二醇间壁式换热器提取矿井回风余热的方案,并通过理论分析、数值模拟和实验测试开展了高效间壁式气-水换热与强化传热研究。

图3-8所示为矿井回风余热回收用乙二醇间壁式换热装置结构示意图。其核心装置为乙二醇间壁式换热器,类型为气-液翅片管式换热器,通过对流方式及热传导方式进行传热。

在乙二醇热交换器内,通过低温换热工质与回风进行非接触热交换,间壁式换热技术使得管内低温溶液与回风之间换热更充分，同时换热工质经提升温度后作为热泵机组热源侧介质，释放热量后降温循环至热交换器内，使得回风温度降至更低，增大取热效率。

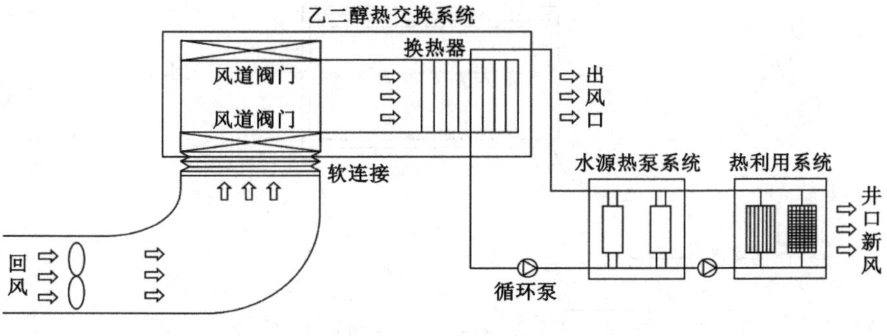

图 3-8　乙二醇间壁式换热装置结构示意图

3.4　喷淋换热器

喷淋换热是一种特殊的换热方式，也称为喷淋冷却。它通过将液体以雾化形式喷洒到热源（一般是热空气）表面上，通过液体的蒸发和汽化来带走热量，从而实现热量的传递。喷淋换热在许多领域中得到广泛应用，特别是在热能动力系统、冷却系统以及化工过程中，用于降低设备和工艺的温度。本节重点介绍喷淋换热的原理以及喷淋室设计计算。

3.4.1　喷淋换热的传热原理

在制热工况下，水雾与回风在扩散塔中换热，水温升高，升温后的水雾经汇水池、集水池及在线水处理设备进入热泵机组内壳管式蒸发器的管内，将热量传递给热泵机组工质后进入制冷剂循环。制冷工质被水加热后汽化成蒸气，被压缩机抽出并被压缩，变成高温高压蒸气，然后被送入冷凝器的管外壳体中，向冷凝器中管内循环的水传递热量并被冷凝成高压液体，在经膨胀阀降压后进入蒸发器的壳体中，吸收蒸发器管内循环水的热量，再次被汽化，如此周而复始地循环。冷凝器中管内的循环水升温后可用于井口防冻、生活热水、洗浴热水以及取暖空调等。

在制冷工况下，喷淋装置运行原理与制热工况基本类似，是上述过程的逆向循环。蒸发器中管内的循环水降温后可作为空调系统制冷工质，为煤矿建筑空调提供冷量。

3.4.2　喷淋换热装置的结构特征

以矿井为例，矿井回风与水的热交换或热质交换发生在喷淋式矿井回风换热装置整个内部空间，喷淋式矿井回风换热装置主要由喷淋式矿井回风换热器、扩散塔和汇水池组成，如图 3-9 所示。

喷淋式矿井回风换热器是喷淋式矿井回风换热装置形成喷淋水，并进行气-水直接接触热交换或热质交换的核心设备，其主要由壳体、喷淋装置（进水管、喷淋管和喷嘴）和挡水板等部分组成。

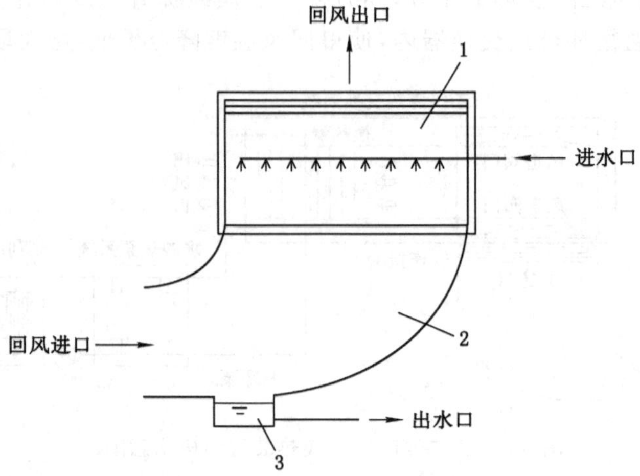

1—喷淋式矿井回风换热器;2—扩散塔;3—汇水池。

图 3-9　喷淋式矿井回风换热装置结构示意图

3.4.3　喷淋换热的热力计算

3.4.3.1　喷水室内空气与水的热湿交换理论

在有限空间内,喷嘴高速喷出具有一定温度、压力的水并且雾化成大量的小水滴,水滴在离开喷嘴继续运动的过程中与有限空间的空气充分接触,相互之间发生强烈的质量、动量和热量交换。如图 3-10 所示,当空气与敞开的水面或飞溅的水滴接触时,根据温度的不同,空气与水之间的热湿交换过程既包含显热交换,又包含湿交换(质交换),而湿交换同时发生潜热交换。显热交换是导热、对流和辐射换热共同的结果。边界层与周围空气之间的温差是显热交换的驱动力,影响显热交换量的大小;空气与水之间的水蒸气分子浓度差(水蒸气分压力差)是进行湿交换及由它引起的潜热交换的驱动力,湿交换是水蒸气凝结(或蒸发)而放出(或吸收)汽化潜热的结果。总换热量包含显热交换量和潜热交换量,是二者的代数和。最终,空气与水的热湿交换过程使得水被加热(或被冷却),空气的状态参数也得到改变。

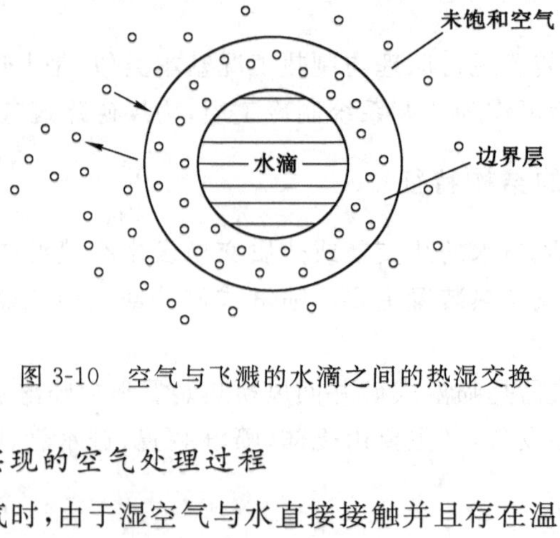

图 3-10　空气与飞溅的水滴之间的热湿交换

3.4.3.2　喷水室内可实现的空气处理过程

喷水室内处理湿空气时,由于湿空气与水直接接触并且存在温差和水蒸气等压力差,主流空气与水滴表面的饱和空气层之间通过分子扩散和湍流扩散，使边界层的饱和空气与主流空气层不断掺混，空气状态发生改变。空气与水的热湿交换过程可以视为主体空气与水滴表面饱和空气层不断混合的过程。

假设在理想状态下和空气接触的水量无限大，和空气接触的接触时间无限长，则空气最终状态都能达到具有水温的饱和状态，空气终温等于水温。

空气与水进行热湿交换的变换过程与水的温度有关，水的温度的改变使得空气的变化过程也不同。图 3-11 给出了在理想状态下喷水室中 7 种典型的空气处理过程。

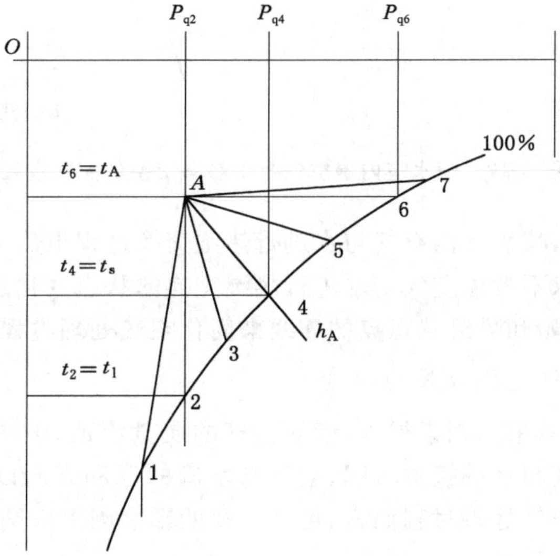

图 3-11　喷水室中空气与水直接接触的热湿处理过程焓湿图

喷水室 7 种处理过程的特点如表 3-2 所示。

表 3-2　喷水室中空气与水直接接触时各种过程特点

过程线	水温特点	温度/显热	含湿量/潜热	焓/全热量	过程名称
A-1	$t_w<t_1$	降低/减少	减少	减小/减少	减湿冷却
A-2	$t_w=t_1$	降低/减少	不变	减小/减少	等湿冷却
A-3	$t_1<t_w<t_s$	降低/减少	增加	减小/减少	减焓加湿
A-4	$t_w=t_s$	降低/减少	增加	不变	等焓加湿
A-5	$t_s<t_w<t_A$	降低/减少	增加	增大/增加	增焓加湿
A-6	$t_w=t_A$	不变	增加	增大/增加	等温加湿
A-7	$t_w>t_A$	升高/增加	增加	增大/增加	增温加湿

但是在实际工况下喷水室内进行热湿交换的喷水量是有限的，空气与水的接触时间并不是无限延长的。因此，在喷水室内湿空气与水进行热湿交换过程中湿空气状态参数与水的状态参数都是不断改变的，并且被处理的湿空气的最终状态也难以到饱和状态。在焓湿图上，实际的喷水室内空气与水热湿交换过程是一条曲线，如图 3-12 所示。

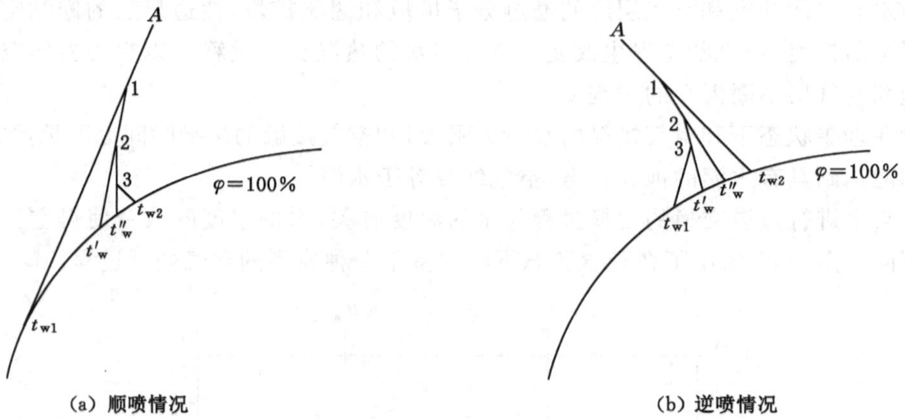

图 3-12　喷水室内湿空气与水热湿交换的实际过程

在工程实际应用中，喷水室内空气与水进行热湿交换过程虽然为曲线，但是空气的最终状态是研究的重点，可以不考虑空气与水进行热湿交换的状态变化过程。因而，在一定精度范围内可以使用空气初始和最终状态点的连线来简化空气处理过程。

3.4.3.3　影响喷淋室热交换效果的因素

影响喷淋室热交换效果的因素很多，诸如空气的质量流速、喷嘴类型与布置密度、喷嘴孔径与喷嘴前水压、空气与水的接触时间、空气与水滴的运动方向以及空气与水的初、终参数等。但是，对一定的空气处理过程而言，可将主要的影响因素归纳为以下三个方面。

1. 空气质量流速的影响

喷淋室内的热、湿交换首先取决于与水接触的空气流动状况，然而在空气的流动过程中，随着温度变化其流速也将发生变化。为了反映空气流动状况的稳定因素，采用空气质量流速 $v\rho$（v 为空气流速，m/s；ρ 为空气密度，kg/m^3）比较方便。

$$v\rho = \frac{G}{3\ 600A_c} \tag{3-59}$$

式中　G——通过喷淋室的空气量，kg/s

A_c——喷淋室的横断面积，m^2。

由此可见，所谓空气质量流速就是单位时间内通过每平方米喷淋室断面的空气质量，它不因温度变化而发生变化。

实验证明，增大 $v\rho$ 可使喷淋室的热交换效果得到改善，并且在风量一定的情况下可缩小喷淋室的断面尺寸，从而减少其占地面积。常用的 $v\rho$ 范围是 2.5～3.5 kg/(m^2 · s)。

2. 喷水系数的影响

喷水量的大小常以处理每千克空气所用的水量，即喷水系数 μ 来表示。

$$\mu = \frac{W}{G} \tag{3-60}$$

式中　μ——喷水系数，kg(水)/kg(空气)；

G——通过喷淋室的风量，kg/h；

W——总喷水量，kg/h。

实践证明，在一定的范围内加大喷水系数可改善喷淋室的热交换效果。此外，对不同的空气处理过程采用的喷水系数也应不同。μ 的具体数值应由喷淋室的热工计算决定。

3. 喷淋室结构特性的影响

喷淋室的结构特性主要是指喷嘴排数、喷嘴密度、排管间距、喷嘴孔径和喷水方向等，此外还包括空气与水的初参数，它们对喷淋室的热交换效果均有影响。空气通过结构特性不同的喷淋室时，即使 $v\rho$ 及 μ 值完全相同，也会得到不同的处理效果，下面简单分析一下这些因素的影响。

(1) 喷嘴排数：以各种减焓处理过程为例，实验证明单排喷嘴的热交换效果比双排的差，而三排喷嘴的热交换效果和双排的差不多。因此，三排喷嘴并不比双排喷嘴在热工性能方面有多大优越性，所以工程上多用双排喷嘴。只有当喷水系数较大，如用双排喷嘴，须用较高的水压时，才改用三排喷嘴。

(2) 喷嘴密度：每 1 m^2 喷淋室断面上布置的单排喷嘴个数称为喷嘴密度。实验证明，喷嘴密度过大时，水苗互相叠加，不能充分发挥各自的作用；喷嘴密度过小时，则会因水苗不能覆盖整个喷淋室断面，致使部分空气旁通而过，引起热交换效果的降低。所以，一般以喷嘴密度 $n=13\sim24$ 个/(m^2 · 排)为宜。当需要较大的喷水系数时，通常靠保持喷嘴密度不变，提高喷嘴前水压的办法来解决，但是喷嘴前的水压也不宜大于 2.5 atm(工作压力)。如果需要更大水压，则以增加喷嘴排数为宜。

(3) 排管间距：以 Y-1 型喷嘴喷淋室为例，实验证明，无论是顺喷还是对喷，排管间距均可采用 600 mm。加大排管间距对增加热交换效果并无益处。所以，从节约占地面积考虑，排管间距以取 600 mm 为宜。

(4) 喷嘴孔径：实验证明，在其他条件相同时，喷嘴孔径小则喷出水滴细，增加了与空气的接触面积，所以热交换效果好。但是，孔径小易堵塞，需要的喷嘴数量多而且对冷却干燥过程不利。所以，在实际工作中应优先采用孔径较大的喷嘴。

(5) 喷水方向：实验证明，在单排喷嘴的喷淋室中，逆喷比对喷热交换效果好，在双排的喷淋室中，对喷比两排均逆喷效果好。显然，这是因为单排逆喷和双排对喷时水苗能更好地覆盖喷淋室断面。如果采用三排喷嘴的喷淋室，则以应用一顺两逆的喷水方式为好。

(6) 空气与水的初参数：对于结构一定的喷淋室而言，空气与水的初参数决定了喷淋室内热湿交换推动力的方向和大小。因此，改变空气与水的初参数，可以导致不同的处理过程和结果。

3.4.4 喷淋室的设计计算

矿井回风热能回收是在热湿交换单元内通过气-水的直接接触式换热进行的，该热湿交换单元的结构及热湿交换机理与立式喷水室类似。普通空调喷水室通过空气与水直接接触换热，可实现湿空气的 7 种热湿处理过程。为了比较喷水室内实际热湿处理过程与理想(即水量有限，但接触时间足够充分)热湿处理过程的差异，目前国内沿用苏联的评价方法——双效率法，即用全热交换效率和通用热交换效率来评价喷水室的热工性能及热湿交换效果。除此之外，国外一些学者还提出了传热效率及热交换比等评价方法。下面以喷水室内空气的冷却减湿过程为例，介绍相关热湿交换效率的定义。

1. 全热交换效率(第一换热效率 η_1)

全热交换效率同时考虑了空气和水的状态变化，反映了空气和水热湿交换的完善程度。

对于湿空气的冷却减湿过程，如图 3-13 所示，如将空气的状态变化过程线$\overline{12}$沿等焓线投影到饱和曲线上，即得到$\overline{1'2'}$，并近似地将$\overline{1'2'}$看作直线，则全热交换效率可用下式表示：

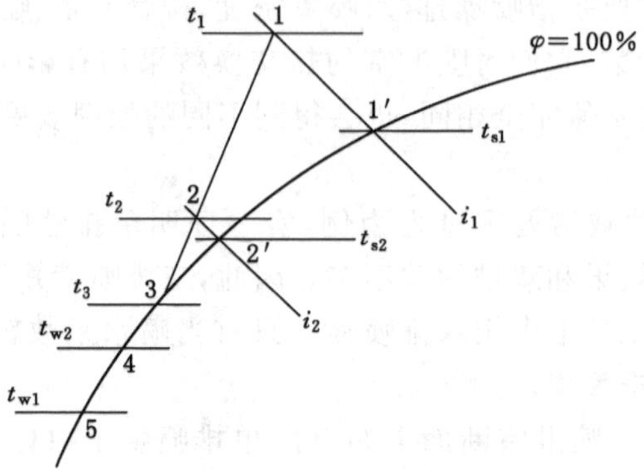

图 3-13　冷却减湿过程空气与水的状态变化

$$\eta_1=\frac{\overline{1'2'}+\overline{45}}{\overline{1'5}}=\frac{(t_{s1}-t_{s2})+(t_{w2}-t_{w1})}{t_{s1}-t_{w1}}=\frac{(t_{s1}-t_{w1})-(t_{s2}-t_{w2})}{t_{s1}-t_{w1}}$$

$$=1-\frac{t_{s2}-t_{w2}}{t_{s1}-t_{w1}} \tag{3-61}$$

式中　t_{s1}、t_{s2}——空气初、终态的湿球温度，℃；

t_{w1}、t_{w2}——水的初温、终温，℃。

2. 通用热交换效率 η_2（第二换热效率或接触系数）

η_2 仅考虑了空气的状态变化，反映了空气热湿交换的完善程度。以冷却减湿过程为例，如图 3-14 所示，如果将空气的实际变化过程线$\overline{12}$延长与饱和线交于 3 点，可得其定义式如式(3-61)所示。η_2 反映了热湿交换后空气接近饱和状态的程度。

$$\eta_2=\frac{\overline{12}}{\overline{13}}=\frac{\overline{1'2'}}{\overline{1'3}}=1-\frac{\overline{2'3}}{\overline{1'3}}=1-\frac{\overline{22'}}{\overline{11'}}=1-\frac{t_2-t_{s2}}{t_1-t_{s1}} \tag{3-62}$$

对于绝热加湿过程，由于可以将空气的状态变化看作等焓过程，所以空气初、终状态的湿球温度相等，而且水温不变，并等于空气的湿球温度，即空气的状态变化过程线在饱和曲线上的投影成了一个点(图 3-14)；在这种情况下，η_1 已无意义，所以喷淋室的热交换效果只能用表示空气状态变化完善程度的 η_2 来表示，即：

$$\eta_2=\frac{\overline{12}}{\overline{13}}=\frac{t_1-t_2}{t_1-t_3}=\frac{t_1-t_2}{t_1-t_{s1}}$$

$$=1-\frac{t_2-t_{s1}}{t_1-t_{s1}} \tag{3-63}$$

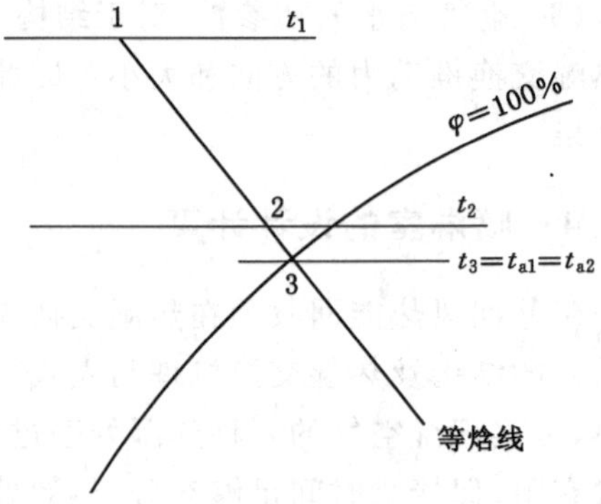

图 3-14　绝热加湿过程空气与水的状态变化

3. 喷淋室的热交换效率系数和接触系数的实验公式

通过以上的分析可以看到，影响喷淋室热交换效果的因素是极其复杂的，不能用纯数学方法确定热交换效率系数和接触系数，而只能用实验的方法为各种结构特性不同的喷淋室提供各种空气处理过程下的实验公式，这些公式的形式是：

$$\eta_1 = A(v\rho)^m \mu^n \tag{3-64a}$$

$$\eta_2 = A'(v\rho)^{m'} \mu^{n'} \tag{3-64b}$$

上式中 A、A'、m、m'、n、n' 均为实验的系数和指数。

4. 喷淋室计算类型

同表面式冷却器一样，依据计算的目的不同，喷淋室的热工计算也可分为设计性计算和校核性计算两种类型，表 3-3 是最常见的计算类型。

表 3-3 热工计算类型

计算类型	已知条件	求解内容
设计性计算	空气量 G 空气初状态 t_1，t_{s1}(h_1…) 空气终状态 t_2，t_{s2}(h_2…)	喷淋室结构 喷水量 W 冷水初、终温 t_{w1}，t_{w2}
校核性计算	空气量 G 空气初参数 t_1，t_{s1}(h_1…) 喷淋室结构 喷水量 W，冷水初温 t_{w1}	空气终参数 t_2，t_{s2}(h_2…) 冷水终温 t_{w2}

5. 喷淋室计算的主要原则

喷淋室的热工计算任务，通常是对既定的空气处理过程，选择一个喷淋室来达到下列要求：

(1) 该喷淋室能达到的 η_1，应该等于空气处理过程需要的 η_1；

(2) 该喷淋室能达到的 η_2，应该等于空气处理过程需要的 η_2；

(3) 该喷淋室喷出的水能够吸收(或放出)的热量应该等于空气失去(或得到)的热量。

上述三个条件可以用下面三个方程式表示：

$$\eta_1 = A(v\rho)^m \mu^n = 1 - \frac{t_{s2} - t_{w2}}{t_{s1} - t_{w1}} \tag{3-65}$$

$$\eta_2 = A'(v\rho)^{m'} \mu^{n'} = 1 - \frac{t_2 - t_{s2}}{t_1 - t_{s1}} \tag{3-66}$$

$$Q = Wc(t_{w2} - t_{w1}) = G(h_1 - h_2) \tag{3-67}$$

式中，W 为喷水量；c 为水的比热容。

由于 $\frac{w}{c} = \mu$，所以方程式(3-67)可以写成：

$$h_1 - h_2 = \mu c(t_{w2} - t_{w1}) \tag{3-68}$$

根据要求确定三个未知数而将喷淋室的热工计算区别成表 3-3 所示的计算类型。

6. 喷淋室的设计计算方法

由于计算中常用湿球温度而不用空气的焓，故引入空气的焓与湿球温度的比值 α，并用下式代替方程式(3-68)：

$$\alpha_1 t_{s1} - \alpha_2 t_{s2} = \mu c(t_{w2} - t_{w1}) \tag{3-69}$$

α 值取决于湿球温度本身和大气压力，可由相应的焓湿图（i-d 图）或其他更准确的计算公式得出。在空气调节的常用范围内，部分 α 值列于表 3-4。

表 3-4　空气的焓与湿球温度的比值 α

大气压力/Pa	湿球温度 t_s/℃					
	5	10	15	20	25	28
101 325	3.73	2.93	2.81	2.87	3.06	3.21
99 325	3.77	2.98	2.84	2.90	3.08	3.23
97 325	3.90	3.01	2.91	2.97	3.14	3.28
95 325	3.94	3.06	2.94	2.98	3.18	3.31

由表 3-4 可见，在大气压力为 101 325 Pa 左右、湿球温度为 10～20 ℃的范围内，如果采用 $\alpha=2.9$ 作为常数计算也不会造成很大误差，而且还可简化计算。否则，进行计算时，就应采用相应的 α 值，而在空气终参数未定的校核计算中还要先假定一个 α 值，然后再加以复核。

7. 循环水量 W_X 的确定

在设计计算中，通过上述方法可以得到喷水初温，然后决定采用什么样的冷源。如果天然冷源满足不了要求，则应采用人工冷源。如果喷水初温比冷源水温高（一般冷冻水温为 5～7 ℃），则需使用一部分循环水。这时需要的冷水量 W_1、循环水量 W_X 和回水（或溢流水）量 W_h 的大小可由热平衡关系（图 3-15）确定如下：

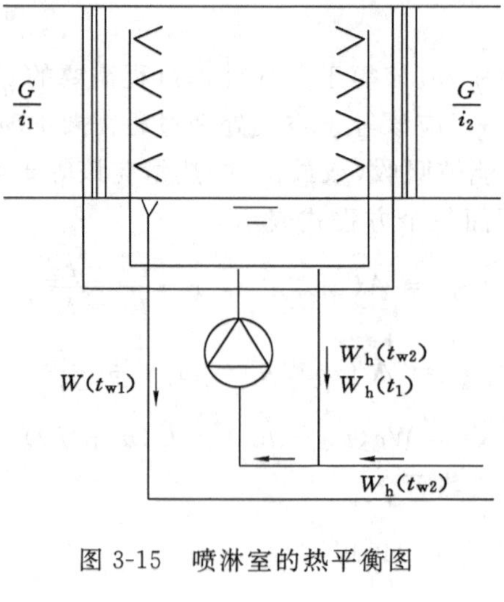

图 3-15　喷淋室的热平衡图

因为
$$Gh_1 + W_1 ct_1 = Gh_2 + W_h ct_{w2} \tag{3-70}$$
而
$$W_1 = W_h \tag{3-71}$$
所以
$$G(h_1 - h_2) = W_1 c(t_{w2} - t_1) \tag{3-72}$$
即
$$W_1 = \frac{G(h_1 - h_2)}{c(t_{w2} - t_1)} \tag{3-73}$$

又由 $$W = W_1 + W_X \tag{3-74}$$

所以 $$W_X = W - W_1 \tag{3-75}$$

8. 阻力计算

喷淋室的阻力由前、后挡水板的阻力，喷嘴排管阻力和水苗阻力三部分组成，可按下述方法计算。

挡水板阻力计算公式：

$$\Delta H_d = \sum \zeta_d \frac{v_d^2}{2}\rho \tag{3-76}$$

式中 $\sum \zeta_d$——前、后挡水板局部阻力系数之和，取决于挡水板的结构，一般可取 $\sum \zeta_d = 20$；

v_d——空气在挡水板断面上的迎面风速，m/s，因为挡水板的迎风面积等于喷淋室断面积减去挡水板边框后的面积，所以一般取 $v_d = (1.1 \sim 1.3)v$，m/s。

喷嘴排管阻力计算公式：

$$\Delta H_P = 0.1z \frac{v^2}{2}\rho \tag{3-77}$$

式中 z——排管数；

v——喷淋室断面风速，m/s。

水苗阻力计算公式：

$$\Delta H_w = 118 \times b\mu P \tag{3-78}$$

式中 P——喷嘴前水压，atm(工作压力)。

b——由喷水和空气运动方向所决定的系数，一般单排顺喷时 $b = -0.22$；单排逆喷时 $b = +0.13$；双排对喷时 $b = +0.075$。

μ——喷水系数，kg(水)/kg(空气)。

对于定型喷淋室，其总阻力已由实测后的数据制成表格或曲线，根据工作条件便可查出。

3.4.5 喷淋换热技术在矿井领域中的应用

喷淋换热技术在矿山中的应用主要是为了回收矿井排风中的余热，以供矿井内部供暖或为生产活动提供所需的热能。这种技术通过在矿井的出风口设置喷淋换热器，利用矿井排风的热量来加热水或其他介质，然后将其输送到需要加热的地方。

喷淋换热器的工作原理是通过喷嘴将冷却水雾化成微小的水滴，这些水滴在与矿井排风接触的过程中，通过热交换的方式吸收排风中的热量，从而实现热量的回收。这种方式不仅提高了能源的使用效率，还有助于改善矿井内部的作业环境。

例如，图 3-16 为矿井回风经主风机引导后进入扩散塔与喷淋换热器喷出的喷淋水充分接触，完成热湿交换。换热后矿井回风通过挡水板排向室外，喷淋水进入汇水池经过一系列处理后送入水源热泵，作为热源或冷源为用户提供生活用水。

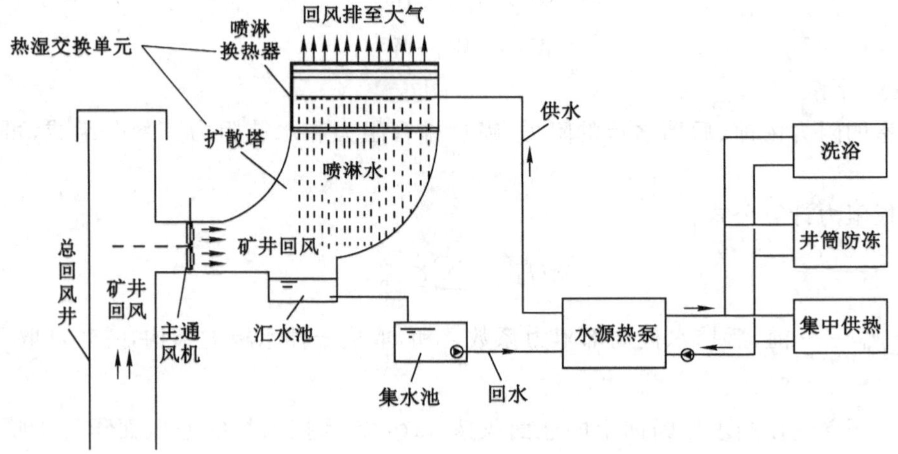

图 3-16　喷淋式矿井回风源热泵系统

3.5　管壳式换热器

管壳式换热器是一种常见的换热设备，用于流体之间传递热量。其工作原理是通过管子中流动的热介质与壳体内流动的冷介质之间进行热量传递。

管壳式换热器的设计结构使得热介质和冷介质分离，避免了二者直接接触，这在介质本身具有腐蚀性或污染性、两种换热介质之间存在化学反应等情况的应用中非常重要。管壳式换热器具有较高的传热效率和灵活性，可以适应不同的流量、温度和压力要求。

3.5.1　管壳式换热器的传热原理

如图 3-17 所示，管壳式换热器由一个外部壳体和集合许多管子的内部管束构成，冷、热流体之间通过管壁进行换热。换热管内构成的流体通道称为管程，换热管外构成的流体通道称为壳程，管程和壳程分别通过两不同温度的流体时，温度较高的流体通过换热管壁将热量传递给温度较低的流体，进而实现两流体换热目的。

管壳式换热器的传热原理主要包括对流传热和热传导两个方面。

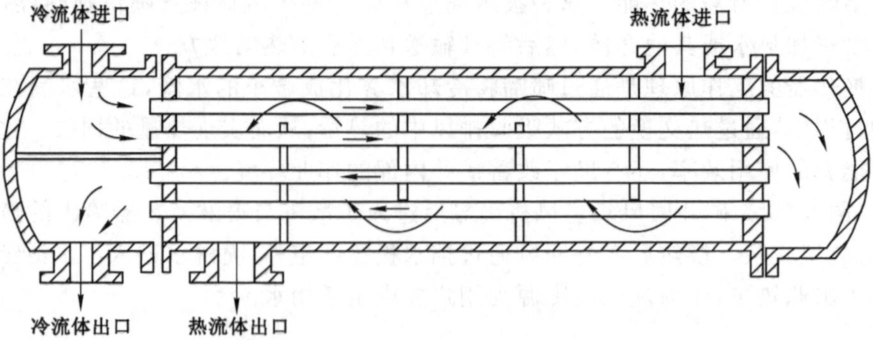

图 3-17　管壳式换热器示意图

(1) 对流传热:在管壳式换热器中,热介质在管束中流动,冷介质则在壳体外流动。这两种流体之间的传热通过对流传热方式实现。热介质在管内流动时,由于温度差,会将热量传递给管壁,然后通过管壁传递给壳体内冷介质。介质之间的对流传热由流体的流动速度、流体性质、流程的形状和壁面温度差等因素决定。

(2) 热传导:除了对流传热之外,管壳式换热器还通过壁面传热方式实现热量传递。热介质通过管壁传递热量给壳体,然后再由壳体传递给冷介质。壁面传热主要通过导热的方式进行,即热量从高温区域沿着固体壁面的导热途径传递到低温区域。传热过程涉及管壁的材质、壁面的厚度和导热系数等因素。

综上所述,管壳式换热器的传热原理是通过对流传热和热传导共同作用,实现热介质与冷介质之间的热量传递。其中,对流传热主要是通过流体的流动和流体之间的温度差实现的,而热传导则主要是通过导热的方式实现的。这种结构使得管壳式换热器能够高效、可靠地进行热量传递,并在许多工业领域得到广泛应用。

3.5.2　管壳式换热器的分类及结构特征

管壳式换热器是先把管子与管板连接,再用壳体固定。其按照结构形式可以分为固定管板式、浮头式、U 型管式、滑动管板式及填料函式等几种。当选择或设计制造何种管壳式换热器时,需要考虑介质的种类、压力、温度、污垢和其他条件。此外,还需考虑管板与壳体的连接结构特点、传热管的形状与传热条件、造价以及维修检查的便利性等因素。

3.5.2.1　固定管板式换热器

固定管板式换热器的两端管板,采用焊接方法与壳体连接固定,如图 3-18 所示。这种换热器结构简单,在相同直径的壳体内,排管数量多,比较紧凑,管程可以设计成任意偶数。固定管板式换热器两个管板与换热管互相支撑,相比于其他管壳换热器,其管板较薄,造价低且每根管子内侧都能进行清洗;管壳侧清洗较难,且不能进行机械清洗,所以适用于不易结垢和清洁的流体。

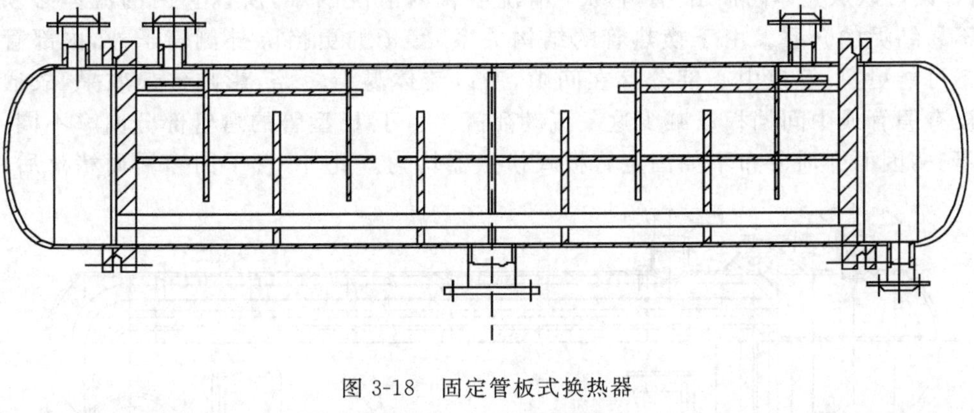

图 3-18　固定管板式换热器

该类型换热器集中了管壳式换热器的优点,应用相当广泛。当管束和壳体之间的温差太大而出现不同的热膨胀现象时,常会导致管子与管板的接口脱离,从而发生介质泄漏。为此,常在外壳上焊一个膨胀节,但它仅限于减小而不能完全消除由于温差而产生的热应力,且在多程换热器中,这种方法不能照顾到管子的相对移动。由此可见,这种换热器比较适用于温差不大、温差较大但壳程压力不高以及壳程结垢不严重或能用化学清洗的场合。

3.5.2.2 浮头式换热器

浮头式换热器如图 3-19 所示。浮头式换热器针对固定管板式换热器的缺陷在结构上做了改进，两端管板只有一端管板与壳体固定，而另一端的管板可以在壳体内自由移动，该端称为浮头。这类换热器壳体和管束对热膨胀是自由的，故当两种介质温差较大时，管束与壳体之间不产生温差应力。浮头端设计成可拆结构，使管束可以容易地插入或抽出，为检修、清洗提供了方便。浮头式换热器造价比固定管板式换热器高，设备笨重，材料消耗量大，且浮头端小盖在操作中无法检查，制造时对密封要求较高。

浮头式换热器适用于管壳壁间温差较大或易于腐蚀、结垢的场合。

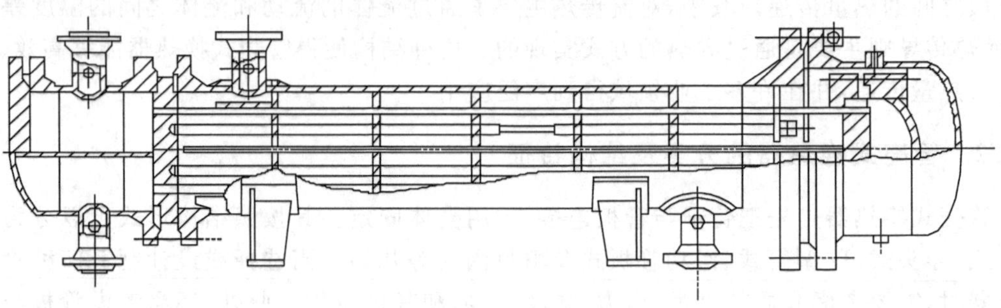

图 3-19 AES、BES 浮头式换热器

3.5.2.3 U 型管式换热器

U 型管式换热器如图 3-20 和图 3-21 所示，U 型管式换热器是将换热管弯成 U 型，管子两端固定在仅有的一块管板上。由于壳体和管子分开，管束可以自由伸缩，不会因管壁、壳壁之间的温度差而产生热应力，热补偿性能好；双管程流程较长，流速较高，传热性能好，承压能力强。因 U 型管式换热器只有一块管板、无浮头，结构简单，故造价较其他类型换热器便宜；管束可以从壳体内抽出，管外易于清洗但管内清洗困难，所以管内的流体必须是清洁且不易结垢的介质。由于换热管的结构关系，管子的更换除外侧管子外，内部管子大部分不可能更换；管束中心部分存在间隙，所以流体易走短路，影响传热效果，故通常在此处设有假管或中间挡板以减少这一流动死区。由于 U 型管的弯管部分曲率不同，管子长度不一，因而介质分布不如固定管板式换热器均匀。此外，管子因渗漏而堵死后，将造

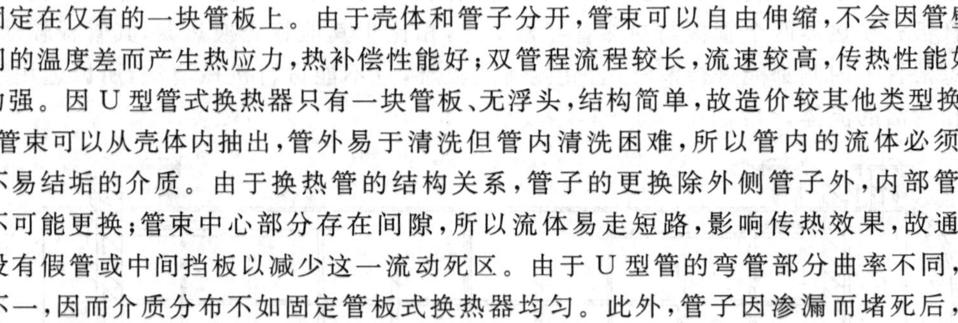

图 3-20 BIU U 型管式换热器

成传热面积的损失。

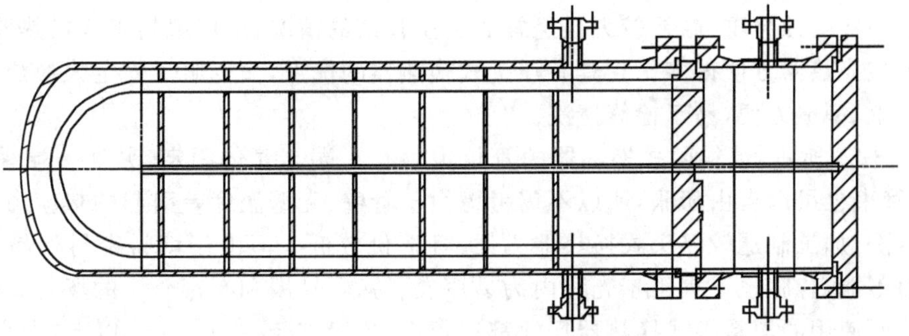

图 3-21　双壳程 U 型管式换热器(AFU)

3.5.2.4　滑动管板式填料函换热器

滑动管板式填料函换热器结构如图 3-22 及图 3-23 所示。管束可以从壳体中抽出，易于清洗，但在填料内侧密封处，管程与壳程之间仍会产生串流现象，当两种介质相混而不相容时，往往会产生事故。而图 3-24 所示的采用管、壳程完全隔离的填料函结构，解决了管程与壳程之间的串流现象，但为了能将管束从壳体中抽出，管箱法兰一定要做成可拆式的型式。以上几种结构，可按具体情况选用。

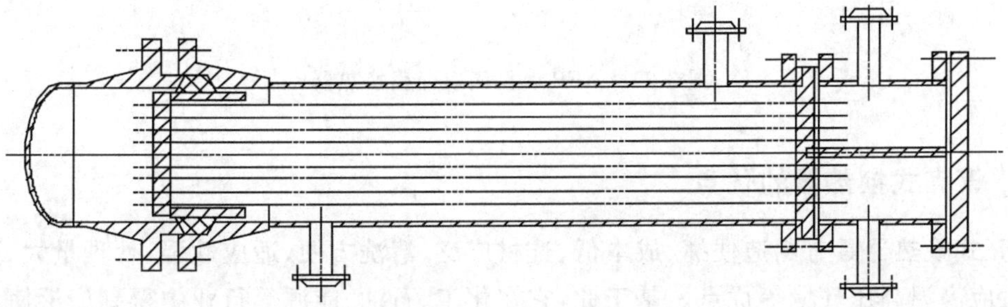

图 3-22　滑动管板式填料函换热器

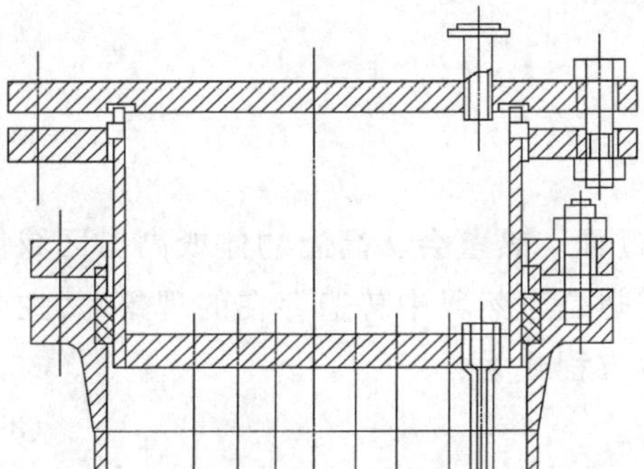

图 3-23　单填料函式结构(P 型)

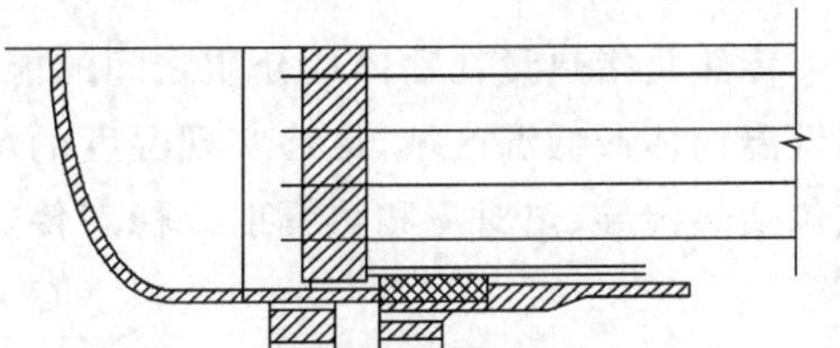

图 3-24　滑动管板式单填料函式结构

3.5.2.5　填料函式换热器

对于一些腐蚀严重、温差较大且经常要更换管束的情况，采用填料函式换热器要比浮头式或固定式换热器方便得多。它具有浮头式换热器的优点，又克服了固定式换热器的缺点，结构较简单，制造方便，易于检修清洗。

如图 3-25 所示，填料函式换热器的管板也仅有一端与壳体固定，另外一端采用填料函密封；其管束也可以自由膨胀，所以不需考虑由于管壁、壳壁温度差引起的热应力；管程和壳程都能清洗，加工制造较浮头式换热器方便，且造价较低。但由于填料密封处易于泄漏，故壳程压力不能过高，也不宜用于壳程内为易挥发、易燃、易爆和有毒介质的场合。

目前所使用的填料函式换热器尺寸都比较小，一般直径在 700 mm 以下，大直径填料函式换热器采用得很少，尤其在操作压力及温度较高的条件下就更少。

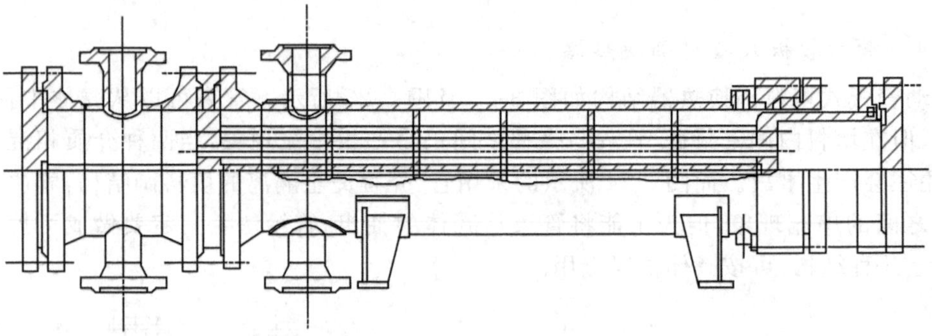

图 3-25　AFP 填料函双壳程换热器

3.5.3　管壳式换热器的优点

管壳式换热器具有制造便捷、成本低、选材广泛、清洗方便、适应性强、处理量大、工作可靠、能适应高温高压环境等优点。基于此，它在化工、石油、能源等行业中得到广泛使用。在大型化发展的今天，随着新型高效传热管的不断出现，管壳式换热器的应用范围得以扩大，更增添了新的生命力。

3.5.4　管壳式换热器的热力计算

3.5.4.1　稳态传热方程

传热是指热量在物体或介质之间的能量转移过程。热量会从高温物体或高温区域传递到低温物体或低温区域，最终实现温度的均衡。传热是自然界中普遍存在的现象，其主要方式包括热传导、热对流和热辐射。稳态传热的基本方程式为：

$$Q = KA\Delta t_{m} \tag{3-79}$$

式中　Q——热负荷，W；

K——总传热系数，$W/(m^2 \cdot ℃)$；

A——换热器有效传热面积，m^2；

Δt_m——进行换热的两流体之间的平均温度差，℃。

1. 热负荷

当忽略换热器对周围环境的散热损失时，根据能量平衡，热流体所放出的热量应等于冷流体所吸收的热量。即

$$Q = Q_1 = Q_2 = m_c c_{p,c}(T_{c,o} - T_{c,i}) = m_h c_{p,h}(T_{h,i} - T_{h,o}) \tag{3-80}$$

式中　m_c、m_h——冷流体、热流体的质量流量，kg/s；

$c_{p,c}$、$c_{p,h}$——冷流体、热流体的比定压热容，J/(kg·℃)；

$T_{c,i}$、$T_{c,o}$——冷流体的进、出口温度，℃；

$T_{h,i}$、$T_{h,o}$——热流体的进、出口温度，℃。

若考虑换热器对外界环境的散热损失 Q_c，则热流体放出的热量 Q_1 将大于冷流体所吸收的热量 Q_2，即

$$Q_1 = Q_2 + Q_c \tag{3-81}$$

一般情况下，Q_c 很难估计，而且随换热器的不同而不同，如换热器是否保温，热流体走管内还是管外等。工程上常用热损失系数 η_e 加以估算，即

$$Q_2 = \eta_e Q_1 \tag{3-82}$$

热损失系数 η_e 值通常取 0.97～0.98。

不管是否考虑热损失，在管壳式换热器的设计计算中，热负荷 Q 一般取为管内流体放出或吸收的热量。

2. 总传热系数 K

$$\frac{1}{K} = \frac{1}{\alpha_o} + \frac{1}{\alpha_i}\left(\frac{A_o}{A_i}\right) + r_o + r_i\left(\frac{A_o}{A_i}\right) + \frac{\delta A_o}{\lambda_w A_m} \tag{3-83}$$

式中　α_o——管外流体传热膜系数，W/(m²·℃)；

α_i——管内流体传热膜系数，W/(m²·℃)；

r_o、r_i——管外、管内流体污垢热阻，(m²·℃)/W；

A_o、A_i——换热管的外表、内表传热面积，m²；

A_m——换热器管内和管外的平均传热面积，m²；

δ——管壁厚度，m；

λ_w——管壁材料的导热系数，W/(m²·℃)。

3. 平均温度差和温差修正系数

算术平均温度差

$$\Delta t_{m1} = \frac{\Delta t_1 + \Delta t_2}{2} \tag{3-84}$$

对数平均温度差

$$\Delta t_{m2} = \frac{\Delta t_2 - \Delta t_1}{\ln \dfrac{\Delta t_2}{\Delta t_1}} \tag{3-85}$$

式中　Δt_2——较大的温度差，℃；

Δt_1——较小的温度差，℃。

当 $\dfrac{\Delta t_2}{\Delta t_1} < 2$ 时，采用算术平均温度差，否则采用对数平均温度差。在计算平均温度差时，对无相变的对流传热，逆流的平均温度差大于顺流的平均温度差，因而在工业设计中，在满

足工艺条件的情况下，通常选用逆流。

在错流和折流换热器中，温度分布情况相当复杂，可按上述公式先计算出逆流的平均温度差，然后乘以修正系数 F_r，即可计算有效平均温差 Δt_m。

$$\Delta t_m = F_r \Delta t_{lm} \tag{3-86}$$

式中　Δt_{lm}——逆流时的对数平均温度差，℃；

F_r——温差修正系数。

3.5.4.2　对流传热膜系数

1. 无相变对流传热的传热膜系数

(1) 管内传热膜系数

流体在管内流动，其流动阻力和传热膜系数与流体在管内的流动状态有关，流动状态以雷诺数大小来区分。

① 湍流 $Re>10\ 000$

对低黏度流体（$\mu_i<2\mu_a$，μ_a 为常温下水的黏度），可应用 Dittus-Boelter 关联式：

$$\alpha = 0.023\frac{\lambda_i}{d_i}Re^{0.8}Pr^n \tag{3-87}$$

应用范围：$Re>10\ 000$，$0.7<Pr<120$，$\frac{L}{d_i}>60$。

当$\frac{L}{d_i}<60$时，应将式(3-87)乘以$\left[1+\left(\frac{d_i}{L}\right)^{0.7}\right]$进行修正。

对高黏度流体，应用 Sieder-Tate 关联式：

$$\alpha = 0.027\frac{\lambda_i}{d_i}Re^{0.8}Pr^{1/3}\left(\frac{\mu_i}{\mu_w}\right)^{0.14} \tag{3-88}$$

应用范围：$Re>10\ 000$，$0.7<Pr<16\ 700$，$\frac{L}{d_i}>60$。

式中各参数取值：除 μ_w 是在壁温下取值之外，其余参数取值均基于流体进出口温度的算术平均值。

特征尺寸：管内径。

② 过渡流 $Re=2\ 300\sim10\ 000$

当流体在管内流动为过渡流时，对流传热膜系数可先按湍流的公式计算，然后把计算结果乘以校正系数 ϕ，即可得到过渡流下的对流传热膜系数 α。

$$\phi = 1-\frac{6\times10^5}{Re^{1.8}}$$

$$\alpha = \phi\times\alpha_{湍流} \tag{3-89}$$

③ 层流 $Re<2\ 300$，可用 Sieder-Tate 关联式：

$$Nu = 1.86Re^{1/3}Pr^{1/3}\left(\frac{d_i}{L}\right)^{1/3}\left(\frac{\mu_i}{\mu_w}\right)^{0.14} \tag{3-90}$$

应用范围：$Re<2\ 300$，$0.48<Pr<6\ 700$，$RePr\frac{L}{d_i}>100$。

其余参数取值与上述相同。

特征尺寸：圆形管为管内径 d_i；非圆形管为

$$d_e = \frac{4A}{\pi} \tag{3-91}$$

式中　A——流体流通截面积，m^2；

π——流体浸润周边，m。

(2) 管外传热膜系数

① 换热器壳程无折流板时

对管壳式换热器，当管子呈正△排列时：

$$d_{es} = \frac{4\left(\frac{1}{2}P_t \times \frac{1}{2}\sqrt{3}P_t - 3 \times \frac{1}{4} \times \frac{\pi}{6}d_o^2\right)}{3 \times \frac{\pi}{6}d_o} = \frac{\sqrt{3}P_t^2 - \frac{1}{2}\pi d_o^2}{\frac{\pi}{2}d_o} = \frac{1.10P_t^2}{d_o} - d_o \tag{3-92}$$

式中　d_{es}——当量直径；

d_o——管子外径。

当管子呈正方形排列时：

$$d_{es} = \frac{4\left(P_t^2 - \frac{\pi}{4}d_o^2\right)}{\pi d_o} = \frac{1.27P_t^2}{d_o} - d_o \tag{3-93}$$

式中　P_t——换热管中心距，m。

② 换热器壳程有折流板时

换热器内装圆缺形挡板(弓形折流板)，通常缺口面积取 25% 的壳体内截面积，壳程的对流传热膜系数关联式可采用下式：

$$Nu = 0.23Re^{0.6}Pr^{1/3}\left(\frac{\mu}{\mu_w}\right)^{0.14}$$
$$\alpha_o = 0.23\frac{\lambda}{d_o}\left(\frac{d\mu\rho}{\mu}\right)^{0.6}\left(\frac{c_p\mu}{\lambda}\right)^{1/3}\left(\frac{\mu}{\mu_w}\right)^{0.14} \tag{3-94}$$

应用范围：$Re=(2\sim3)\times10\ 000$。

2. 有相变对流传热的传热膜系数

蒸汽冷凝变成液体或液体沸腾变为蒸汽都伴随着相变的传热过程。这类传热过程的特点是相变流体要放出或吸收大量的潜热，但流体温度不发生变化。在壁面附近流体层中的温度梯度较大，对流传热膜系数较无相变传热时要大得多。

(1) 垂直管上的膜状冷凝传热膜系数

垂直管上的冷凝传热膜系数的方程式为：

$$\alpha = 0.943 \times \left(\frac{\lambda L^3 \rho_L^2 \gamma g}{l\mu_L \Delta t}\right)^{1/4} \tag{3-95}$$

当 $Re<2\ 100$(Re 为冷凝液膜的雷诺数)，上式可表示为：

$$\alpha = 1.87\left(\frac{\lambda_L^3\rho_L^2 g}{\mu_L^2}\right)^{1/3}\left(\frac{4G}{\mu_L}\right)^{1/3} \tag{3-96}$$

当 $Re>2\ 100$，可表示为：

$$\alpha = 0.007\ 7\left(\frac{\lambda_L^3\rho_L^2 g}{\mu_L^2}\right)^{1/3}\left(\frac{4G}{\mu_L}\right)^{0.4} \tag{3-97}$$

(2) 水平管外冷凝的传热膜系数

卧式冷凝器在水平管外冷凝，液膜沿管壁流动的路程不长，流速不大，属于层流范畴。可以采用努塞尔(Nusselt)的理论解。当 $Re<2\ 100$ 时：

$$\alpha = 0.725 \times \left(\frac{\lambda^3 \rho^2 \gamma_g}{d_o \mu_L \Delta t}\right)^{1/4} \tag{3-98}$$

如果有 N 根水平管纵向排列，则由于上部管子冷凝液流向下部管子，使下面管子表面凝液增厚，此时冷凝液的平均传热膜系数可用下式计算：

$$\alpha = 0.725 \times \left(\frac{\lambda^3 \rho_L^2 \gamma m g}{N_t d_o \mu_L \Delta t}\right)^{1/4} \tag{3-99}$$

对于水平管或水平管束，当 $Re<2100$ 时：

$$\alpha = 1.51 \times \left(\frac{\lambda^3 \rho_L^2 g}{\mu_L^2}\right)^{1/3} \left(\frac{4G}{\mu_L}\right)^{1/3} \tag{3-100}$$

3.5.5 管壳式换热器在矿山领域中的应用

由于矿井内存在大量的水和腐蚀性气体，因此，耐腐蚀性是管壳式换热器的关键特性之一。该设备采用了具有良好耐腐蚀性能的材料，如不锈钢或特殊涂层材料，以确保在复杂的环境下仍能保持长期的稳定运行。并且该装置采用了高效的换热元件，具有较大的换热面积和优化的传热设计，确保热量能够迅速、有效地从矿井内部传递到外界，从而实现矿井温度的显著降低。

3.6 板式换热器

板式换热器最早由德国人发明，通过将热量从一个流体传递到另一个流体，实现能量的转移，其结构特征如图 3-26 所示。板片是传热元件，一般由 0.6～0.8 mm 的金属板压制成波纹状，波纹板片上贴有密封垫圈。板片按设计的数量和顺序安放在固定压紧板和活动压紧板之间，然后用压紧螺柱和螺母压紧，上、下导杆起着定位和导向作用。固定压紧板、活动压紧板、导杆、螺柱、螺母、前支杆可统称为板式换热器的框架；众多的板片、垫片可称为板束。

图 3-26　板式换热器

分析以上的结构和零部件的组成，可见其零部件品种少，十分有利于成批生产及使用维修。该换热器通用性极强，在各个领域都有应用。在机械工业中，板式换热器用于机器冷却，各种原料、各种冷却剂、液压油的冷却以及热量回收。在电站中，板式换热器也主要用于循环水、冷却剂和蒸汽的冷却和对柴油发电机站进行余热回收。在化学工业中，板式换热器主要用于碱液、硫酸、循环水、煤油盐溶液的冷却以及乙醇冷凝、氯气干燥等。在空调暖通行业中板式换热器主要用于区域供热中心底舱、处理水加热和加热水的预热等。

3.6.1　板式换热器的传热原理

板式换热器的传热原理基于热传导和对流传热，热量通过两种流体流经的金属板之间的传导和对流来传递，从而实现将热量从一个流体传递到另一个流体，即能量的转移目的。其原理如图 3-27 所示。

(1) 热传导传热：物体各部分无相对位移或不同物质直接接触时依靠分子、原子及自由电子等微观粒子热运动而进行的热量传递现象，导热是物质的属性，导热过程可以在固体、液体及气体中发生。

(2) 对流传热：流体与固体壁直接接触时所发生的热量传递过程，称为对流传热。两种流体在板材中交叉流动，增加了接触面积和传热效率。对流传热的速率取决于流体的速度、流体的温度差以及板材表面的特性。

综合考虑热传导和对流传热的机制，板式换热器能够高效地传递热量，通过增加板件的数量和提高流体流动速度，可以进一步增加传热效率。板式换热器还可以根据需要采用不同的换热表面形式，如平行流或逆流形式，以满足特定的传热要求。通过合理优化板式换热器的设计参数和操作条件，可以增强有效换热并提高能源利用效率。

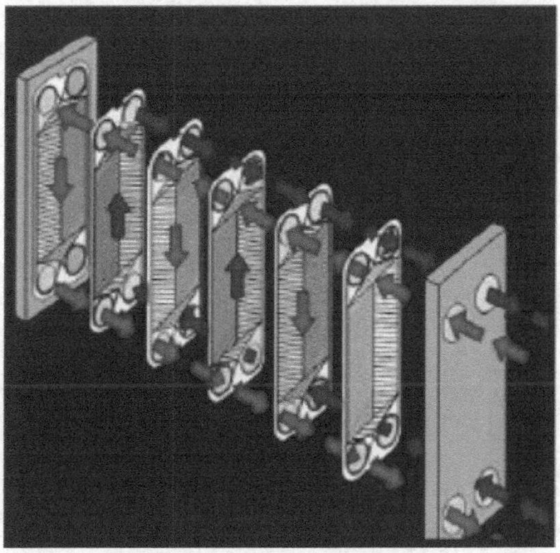

图 3-27　板式换热器工作原理

3.6.2　板式换热器的分类

板式换热器是一种高效传热设备，广泛应用于化工、食品、制药等行业。它由一系列具有一定波纹形状的金属板片叠加而成，板片之间通过密封垫片进行密封并导流，分隔出冷热两个流体通道，实现热量交换。板式换热器的主要分类如下：

(1) 可拆卸板式换热器：也称为带密封垫片的板式换热器，它由多个冲压有波纹的薄板片组成，每个板片的四角都有孔，通过垫片密封并在框架中压紧。这种换热器便于拆卸和清洗，适合需要频繁维护的场合。

(2) 焊接板式换热器：这种换热器通过焊接方式将板片固定在一起，可以是半焊接式或全焊接式，还包括板壳式和钎焊式板式换热器。焊接板式换热器适用于需要更高密封性和耐压能力的场合。

(3) 螺旋板式换热器：由两张保持一定间距的平行金属板卷制而成，冷热流体分别在金属板两侧的螺旋形通道内流动。这种换热器传热系数高，但维修较为困难。

(4) 板卷式换热器：也称为蜂窝式换热器，由封闭在带有冷热流体进出口的集流箱中的换热板束构成。板束由平板和波纹翅片交互叠合、钎焊固定而成。这种换热器适用于需要高传热效率和结构紧凑的场合。

3.6.3 板式换热器热力计算

板式换热器设计计算的目的是：在给定的工况下，求取换热器的换热面积及流程组合，或是已知换热器，校核该换热器能否满足给定的使用工况。这两者仅是计算的步骤不同，而涉及的计算公式是相同的。板式换热器的对流传热准数关联式和流体阻力准数关联式，随着板片的构造而异，要通过实验求得。对于无相变的换热，多数制造厂都能提供其相应产品的关联式；对于相变换热，绝大多数的产品尚不能提供相应的关联式。

1. 板式换热器的一般设计要求

(1) 板间流速

流体在板间流动，其流速是不均匀的，在主流线上的流速，约为平均流速的 4～5 倍，在一个流程内每个流道的流速也不均匀(图 3-28)。为使流体在板间流动时，处于充分的流动状态，宜取板间的平均流速 0.3～0.8 m/s。在阻力降容许的情况下取大值，以提高对流传热膜系数，从而减小换热面积，节省设备投资。

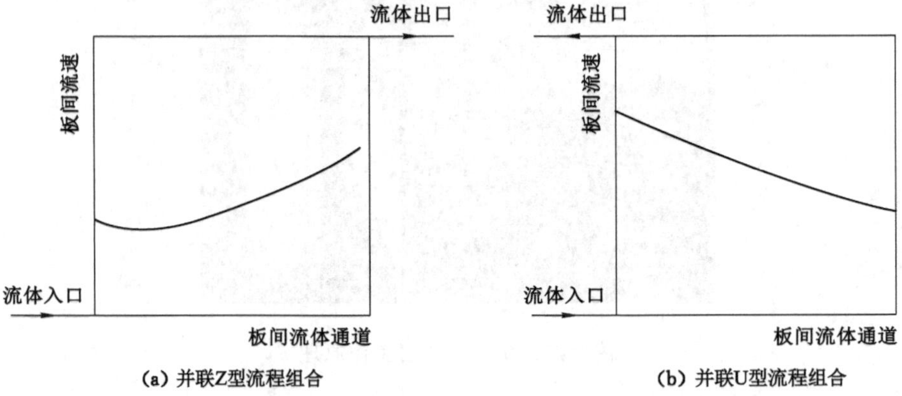

图 3-28　并联 Z 型和 U 型流程板间流道的流体流速变化示意图

(2) 流程组合

一般来说，程数宜少，冷、热介质等程，逆向流动布置，这样的流程组合，温差修正系数较大。并联 U 型的流程组合[图 3-28(b)]常常被采用，因为这种流程组合，可把冷、热流体的进、出口接管，都集中到固定压紧板上，拆卸清洗时，可不拆卸外部接管。对用于冷凝和蒸发的工况，只能采用单程，且被冷凝的流体应从上而下，便于排出冷凝液；对于蒸发的工况，则相反，蒸发的介质采用单程，由下而上，使蒸汽从上部排出。

(3) 板片选择

恰当的单板面积，可得到较好的流程组合，使得程数少，流体阻力小。角孔的尺寸与单板面积有一定的内在联系，为使流体通过角孔流道不致损失过多压力，一般取流体在角孔中的流速为 4～6 m/s。表 3-5 列出了单板面积和处理量的关系，表中流体通过角孔以 6 m/s 计算。

表 3-5　单板面积和处理量的关系

单板面积/m^2	0.1	0.2	0.3	0.5	0.8	1.0	1.6	2
角孔直径/mm	40～50	65～90	80～100	125～150	175～200	200～250	300～350	约 400
单台最大处理量/m^3/h	27～42	71～137	108～170	265～380	520～680	680～1 060	1 530～2 080	约 2 700

波纹板的型式，应按工艺条件进行选择，人字形波纹板片是广为采用的板片。人字角大的板片(如 $\beta\approx120°$，称为 H 板片)，适用于允许阻力损失较大，而要求传热效率高的场合；人字角小的板片(如 $\beta\approx70°$，称为 L 板片)，适用于对阻力损失限制极严的场合。水平平直波纹板片则适用于对传热效率、阻力损失都适中的场合。对于两种换热流体，其流量差别甚大，则应考虑选用非对称流道(或称宽窄间隙流道)的板片来组装板式换热器。对于两换热流体的对数温度很大、流量差亦很大的换热工况，选用长宽比较小的波纹板较为理想。

(4) 材料选择

板片的原材料厚度为 0.6～0.8 mm，压制成波纹板后允许有 25%的减薄量，于是最薄处的厚度为 0.45～0.6 mm，因此一定要选用耐腐材料进行制造，仅对板片采用表面防腐措施是难以保障的。

(5) 其他

一般不推荐板式换热器用于易燃、易爆、有毒介质的换热，如果一定要使用，则其设计压力至少比工作压力高一个公称级别，垫片的耐温、耐腐蚀要十分可靠，制造上要格外慎重。

对用于强腐蚀介质的板式换热器，应在板束周围安装一个防护罩，以免液体泄漏伤人；对用于流体中含有少量固体杂质的场合，应在流体的入口装设一个过滤器。

2. 板式换热器设计计算公式

(1) 传热基本方程式

$$Q = KA\Delta t_m \tag{3-101}$$

式中　Q——传热量，J/s；

A——换热面积，m^2；

K——总传热系数，W/(m^2 · K)；

Δt_m——传热平均温差，系对数平均温差乘以板片组合校正系数，℃。

(2) 换热量计算式

① 对单相换热可采用以下公式计算：

$$Q = q_m c_p (t' - t'') \tag{3-102}$$

式中　Q——流体的可换热量，W；

q_m——流体质量流量，kg/s；

c_p——流体比热容，J/(kg·℃)；

t'、t''——流体进、出口温度，℃。

适用条件：已知进出口流体温度的单相换热的换热量计算。

②

$$Q = q_m(i' - i'') \tag{3-103}$$

式中 i'、i''——某流体进出口比焓，J/kg。

适用条件：已知进出口流体比焓的单相换热的换热量计算。

③ 对相变换热则采用以下公式计算：

$$Q = q_m xr \tag{3-104}$$

式中 x——蒸气干度，无因次数；

r——潜热，J/kg。

适用条件：相变换热的换热量计算。

(3) 总传热系数计算式

$$K = \left(\frac{1}{\alpha_1}R_1 + \frac{\delta_p}{\lambda_p} + R_2 + \frac{1}{\alpha_2}\right)^{-1} \tag{3-105}$$

式中 K——换热器的总传热系数，W/(m^2·K)；

α_1、α_2——板片两侧的传热膜系数，W/(m^2·K)；

R_1、R_2——板片两侧污垢热阻，可参阅表 3-6；

δ_p——板片厚度，m；

λ_p——板片导热系数，W/(m·K)。

表 3-6 板式换热器的污垢热阻

流体名称	污垢热阻/(m^2·K/W)	流体名称	污垢热阻/(m^2·K/W)
软水或蒸馏水	0.000 009	机器夹套水	0.000 052
城市用软水	0.000 017	润滑油水	0.000 009～0.000 043
城市用硬水(加热时)	0.000 043	植物油	0.000 007～0.000 052
处理过的冷却水	0.000 034	有溶剂	0.000 009～0.000 026
沿海海水或港湾水	0.000 043	水蒸气	0.000 009
大洋的海水	0.000 026	工艺流体、一般流体	0.000 009～0.000 052
河水、运河水	0.000 043		

(4) 对流传热准数关联式

$$Nu = CRe^n \cdot Pr^{0.3或0.4} \tag{3-106}$$

式中 Nu——努塞尔数，无因次数；

C——系数，由实验求得；

n——指数，由实验求得；

Re——雷诺数，无因次数；

Pr——普朗特数，无因次数。

(5) 换热面积计算式

$$A = N_e A_0 = (N-2)A_0 \tag{3-107}$$

式中　A——换热器换热面积，m^2；

A_0——单板换热面积，m^2；

N_e——有效传热板板片数；

N——换热器传热板总片数。

（6）传热平均温差

$$\Delta t_m = \psi \Delta t_{1m} \tag{3-108}$$

$$\Delta t_m = \frac{\Delta t_{max} - \Delta t_{min}}{\ln \frac{\Delta t_{max}}{\Delta t_{min}}} \tag{3-109}$$

式中　Δt_m——传热平均温差，℃；

ψ——随不同的流程组合，导致冷热流体流动方向有异于纯逆流时的对数平均温差修正系数，可从图 3-29、图 3-30、图 3-31 查取；

Δt_{max}、Δt_{min}——逆流换热时冷热两流体端部温差的大值和小值，℃；

Δt_{1m}——对数平均温差，℃。

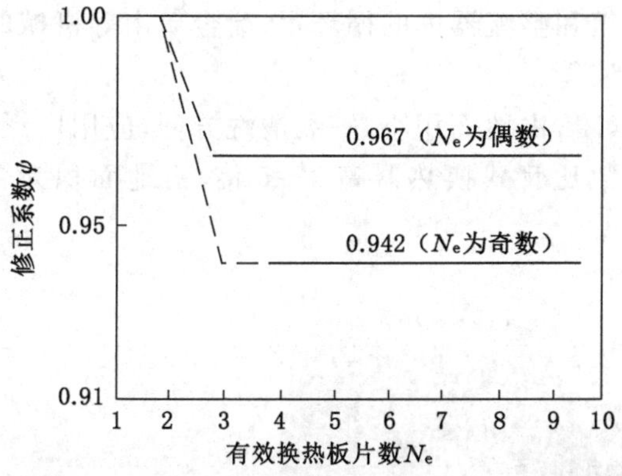

图 3-29　并联流程（框式）组合（Z 型和 U 型）对数平均温差修正系数

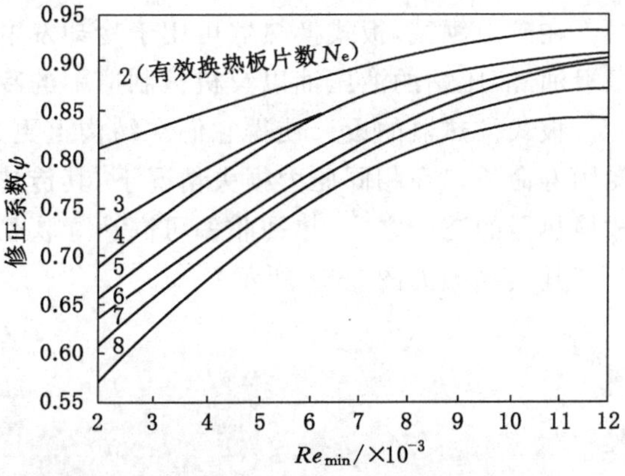

图 3-30　串联流程组合对数平均温差修正系数

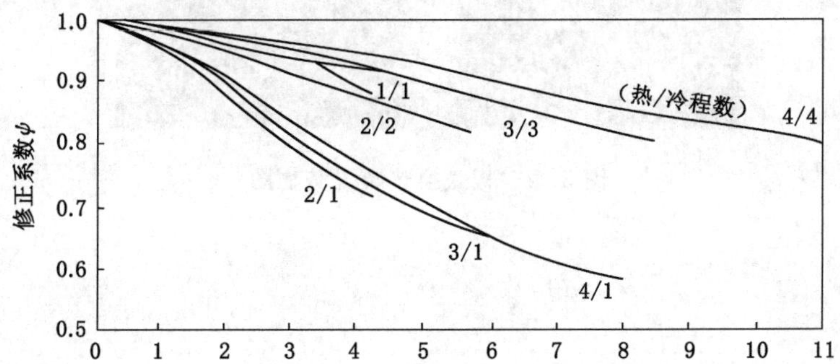

图 3-31　多程流程组合的对数平均温差修正系数

(7) 当量直径计算式

$$d_e = 4Wb/2(\omega + b) \approx 2b \tag{3-110}$$

式中 d_e——板间当量直径,m;

W——板片宽度,m;

ω——板间流道宽度,m;

b——板间流道平均间隙,m。

(8) 传热单元数

$$(\mathrm{NTU})_1 = KA/c_1 \tag{3-111}$$

或

$$(\mathrm{NTU})_2 = KA/c_2 = r(\mathrm{NTU})_1 \tag{3-112}$$

式中 c_1、c_2——比热容,J/(kg·℃);

(NTU_1)、(NTU_2)——流体 1 和流体 2 的传热单元总数,无因次;

r——系数,无因次。

3.6.4 板式换热器在矿山领域中的应用

在矿山领域,板式换热器可用于冷却发电机组和整流器内的循环水、冶金矿山等机械的润滑油、液压站的液压油以及机械制造中的冷却液等。

板式换热器的设计使得它们在结构上更为紧凑,占地面积小,安装清洗方便,应用广泛,使用寿命长。在相同压力损失情况下,其传热系数比管式换热器高 3～5 倍,占地面积为管式换热器的三分之一,热回收率可高达 90%以上。

其实物图如图 3-32 所示。

图 3-32 板式换热装置实物图

第 4 章　矿山余热废热用热泵技术

4.1　热泵的定义

在自然界中，水在重力作用下从高处向低处流动，热量会自发地从高温物体向低温物体传递。出于生产生活实际需求，人们利用水泵实现水从低处向高处的流动，利用热泵实现热量从低温物体向高温物体的传递。热泵是一种利用高位能使热量从低位热源流向高位热源的节能装置，可以把低品位热源转换为高品位热能，从而达到节约部分高位能的目的。

由此可见，热泵的定义涵盖了以下几点：

(1) 热泵虽然需要消耗一定量的高位能，但所供给用户的热量却是消耗的高位热能与吸取的低位热能的总和，因此热泵是一种节能装置。

(2) 热泵可由动力机和工作机组成热泵机组。利用高位能来推动动力机，然后再由动力机来驱动工作机运转，把低位热能输送至高品位，以向用户供热。

(3) 热泵既遵循热力学第一定律又遵循着热力学第二定律。在热泵定义中明确指出热泵是靠高位能拖动迫使热量由低温物体传递给高温物体。

4.2　制冷与热泵原理

制冷与热泵的工作原理相似，属于卡诺循环的不同应用，但二者的目的有所不同。第一，制冷循环的目的是制冷，而热泵则是制热；第二，二者的工作温度范围不同，如图 4-1 所示，制冷机在环境温度 T_a 和被冷却物体温度 T_e 之间工作，从作为低温热源的被冷却物体中吸热，向作为高温热源的环境介质排热，以维持被冷却物体温度低于环境温度。热泵在被加热物体温度 T_h 和环境温度 T_a 之间工作，从作为低温热源的环境介质中吸热，向作为高温热源的被加热物体供热，以维持被加热物体温度高于环境温度；第三，二者所用的材料、工作压力、

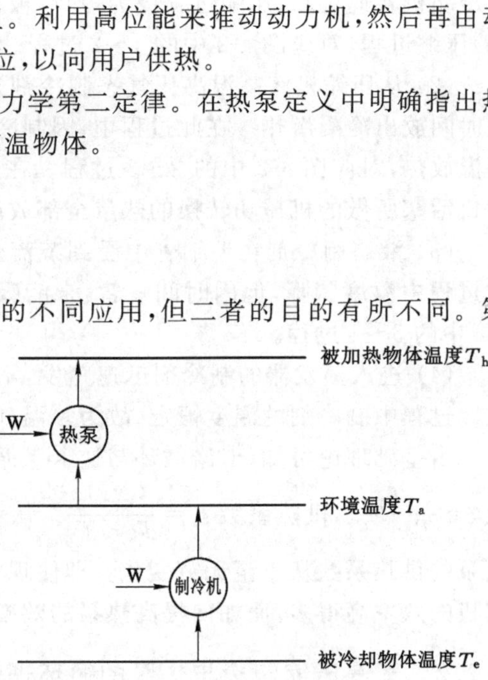

图 4-1　制冷机和热泵的工作温度范围

结构及工质等均有所不同。

4.2.1 制冷与热泵的理想循环

1824 年,法国青年工程师卡诺研究了一种理想效率的热机,这种热机的循环过程称为"卡诺循环",采用这种循环的热机效率最大。而逆卡诺循环就是逆向进行的卡诺循环,是制冷理论的基础。

逆卡诺循环是热力学上的一个理想循环,仅适用于理想气体。它由两个绝热(等熵)过程和两个等温过程构成,如图 4-2 所示。

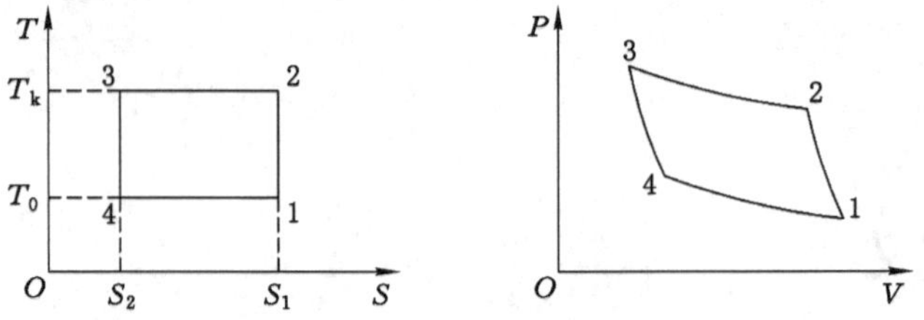

图 4-2 逆卡诺循环图

逆卡诺循环是制冷循环,蒸汽压缩制冷循环的构思就来自于此。由于这个循环是理想的热力循环,必须符合一系列热力学上循环所需具备的必要条件,如 1～2、3～4 过程中略去一切损失,2～3、4～1 过程中工质的传热是在温差接近于零、时间无限长、传热面积无限大的高度理想境界下进行的。其循环模式包括以下四个过程。

(1) 压缩机自蒸发器吸入的是低温低压气态制冷剂,这些气体是充分气化的理想状态。因压缩机转速很高,压缩过程极为短暂,被升温的气体热量几乎没有传至外部,故为绝热(等熵)压缩过程,对应图 4-2 中的 1～2 过程。

(2) 从压缩机将高温高压气态制冷剂送至冷凝器也就是热交换器冷却到完全液化,这段时间放出冷凝潜热。在此过程中,因制冷剂温度不变,仅发生由气到液的状态变化,故为等温放热,对应图 4-2 中的 2～3 过程。在这一过程中,制冷剂通过蒸发所吸收的热量和压缩机活塞所做的机械功转换的热量全部放出,即完成了从低温处吸热送到高温处的任务。

(3) 液态制冷剂在毛细管中受到节流作用,使液体压力急剧降至蒸发压力。制冷剂在此过程中温度骤降,但因时间短暂,未能吸收外界热量,故为绝热(等熵)膨胀过程,对应图 4-2 的 3～4 过程。

(4) 进入蒸发器的制冷剂迅速蒸发,不断从低温处吸收热量,直至液体完全汽化为止。在此过程中制冷剂的温度恒定,故为等温(吸热)膨胀过程,对应图 4-2 中的 4～1 过程。

由基础理论可知,卡诺循环与逆卡诺循环都与工质的种类无关。逆卡诺循环的制冷系数 $\varepsilon=\dfrac{T_0}{T_k-T_0}$,供热系数 $\varepsilon_c=\dfrac{T_k}{T_k-T_0}$。从供热系数与制冷系数的关系 $\varepsilon_c=\varepsilon+1$ 可以看出,热泵的供热系数从 1 至无穷变化。即使现实中存在各种损耗,热泵的能效也要比热机与蒸汽机的效率高得多,而如何提高热泵的效率,是十分重要的研究方向。

4.2.2 蒸汽压缩制冷与热泵的循环理论

理想循环是建立在一个可逆的过程上的,即没有能量的损失。但在实际过程中却是很难实现的，摩擦阻力、节流损失等都是制约实现理想循环的因素。为了用热力学解释实际的制冷循环并简化计算，提出了一种介于理想循环和实际循环之间的制冷循环，即理论循环，和实际循环相比，理论循环有三个特点：① 用膨胀阀代替膨胀机，膨胀过程不再是可逆过程，只是此过程前后焓值相等；② 用干压缩代替湿压缩，能够有效保护压缩机，特别是活塞式压缩机；③ 考虑被冷却物与制冷剂之间以及冷却剂与制冷剂之间的传热温差。

为了便于分析，在理论循环中，可以将过程简化为两个定压过程、一个绝热过程和一个节流过程，如图 4-3 所示。1～2 过程为绝热压缩过程，即等熵压缩过程；2～3 为等压放热过程；3～4为节流过程，由于节流过程的不可逆，通常用虚线表示这一过程；4～1 为等压吸热过程。

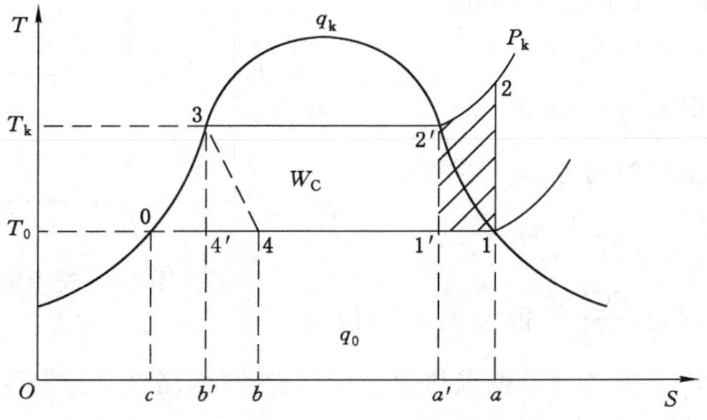

W_C—蒸汽压缩制冷循环系统输入的功，kW；q_k—蒸汽压缩制冷循环系统放热量，kW；
q_0—蒸汽压缩制冷循环系统制冷量，kW；P_k—管内制冷剂的冷凝压力，Pa。

图 4-3　蒸汽压缩制冷循环

在蒸汽压缩式制冷循环中，为了简化制冷装置以及便于调节进入蒸发器的制冷剂流量，采用膨胀阀代替膨胀机。膨胀阀的节流过程是不可逆过程，节流前后的比焓相等，但是在节流过程中有摩擦损失和涡流损失。从图 4-3 中可以看出，在相同的蒸发温度与冷凝温度下，与理想循环 1′—2′—3—4′—1′相比，理论循环有两部分损失：

(1) 由于节流过程中制冷剂吸收摩擦热，降低了有效制冷量，与理论循环相比制冷量减少了 $\Delta q_0'$，在图中可由面积 44′b′b4 表示；

(2) 损失了膨胀功 w_e，w_e 可用图中面积 034′0 表示。

4.2.3　热泵的性能评价

1. 热泵的性能系数

热泵性能是指热泵系统在不同工况下的效率、能耗、制热/制冷能力等方面的表现。

COP(coefficient of performance，性能系数)，是一个重要的性能参数，热泵制热时的性能系数称为制热系数 COP，热泵制冷时的性能系数称为制冷系数 COP_h，即

夏季：

$$COP = 制冷量 / 机组输入功率 = Q/P \tag{4-1}$$

冬季：

$$COP_h = 制热量 / 机组输入功率 = Q_h/P \tag{4-2}$$

根据热力学第一定律，热泵制热量 Q 等于从低温热源吸收量 Q_h 与机组输入功率 P 之

和，所以

$$COP_h = (Q_h + P)/P = COP_h + 1 \tag{4-3}$$

对于以消耗热能为代价的吸收式热泵，其热力学经济性指标可用热力系数(heat ratio)ξ来表示，即为制热量 Q 与输入热能 Q_g 的比值：

$$\xi = \frac{Q}{Q_g} \tag{4-4}$$

热泵的工况循环在理想状态下进行的，图 4-4 所示为逆卡诺循环的温熵图，图中某工质在高温热源(T_2)和低温热源(T_1)间进行循环。

由图 4-4 可知，热泵的 COP 为：

$$COP = \frac{T}{T - T_0} \tag{4-5}$$

若将式(4-5)两边同时对 T_0进行求导：

$$\frac{\partial COP}{\partial T_0} = \frac{T}{(T - T_0)^2} \tag{4-6}$$

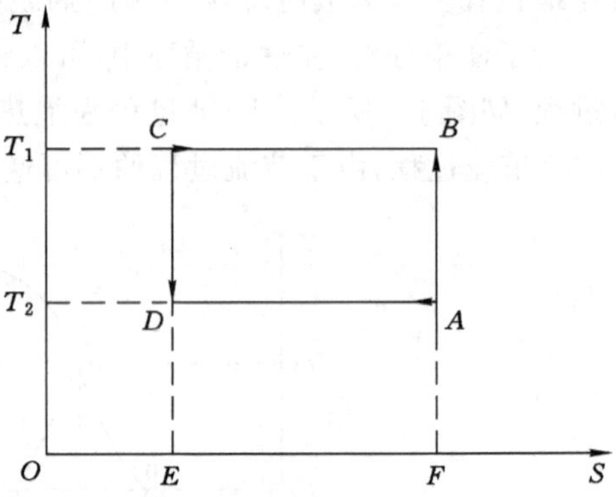

图 4-4　逆卡诺循环温熵图

由式(4-6)可以得出 $\frac{\partial COP}{\partial T_0}$ 恒大于 0，这说明热泵的性能系数 COP 会随着 T_0(低温热源温度)的升高而增大，随着 T_0的降低而减小。

若将式(4-1)两边对 T 同时求导：

$$\frac{\partial COP}{\partial T} = -\frac{T_0}{(T - T_0)^2} \tag{4-7}$$

从式(4-7)得到$\frac{\partial COP}{\partial T}$ 恒小于 0，说明性能系数 COP 随着 T 的升高而减小，而随着 T 的降低而增大。比较式(4-6)和式(4-7)易知 $\left|\frac{\partial COP}{\partial T_0}\right| > \left|\frac{\partial COP}{\partial T}\right|$，这说明低温热源温度对 COP 的影响要高于高温热源温度对 COP 的影响，即可推得，热泵性能系数的提高，可通过采用较高的低温热源来实现。

2. 制热季节性能系数

由于热泵的经济性不仅与热泵本身的设计和制造情况有关，还与热泵运行时的环境温度有关，而环境温度又是随地区及季节的不同而变化的。为了进一步评价热泵系统在整个采暖季节运行时的热力经济性，就要用到热泵的制热季节性能系数(heating seasonal performance Factor，HSPF)。其可表示为

HSPF＝供热季节总的供热量/供热季节热泵消耗的总热量＋
供热季节辅助加热的耗能量

美国能源部(DOE)制定的测定集中式空调机能耗的统一试验方法中规定，用 HSPF 表示热泵的经济性。

3. 热泵的㶲效率

由热力学定律可知，如果实际热泵循环越接近理想热泵循环，则实际热泵的不可逆损失越小。㶲效率能够准确而又定量地反映出热泵热力过程的不可逆性，可以对各种工况下的热泵循环的热力完善性做出统一的评价。热泵的㶲效率定义为

η_{ex}＝热泵输出的㶲/输入热泵的㶲

当电驱动热泵的制热量为 Q 时，热泵的输出㶲为 $(1-T_0/T_k)Q$，输入功率 P 的㶲还是等于 P 值。因此有

$$\eta_{ex}=\frac{\left(1-\frac{T_0}{T_k}\right)Q}{P}=\left(1-\frac{T_0}{T_k}\right)\frac{Q}{P}=\left(1-\frac{T_0}{T_k}\right)\mathrm{COP} \tag{4-8}$$

热泵的㶲效率越高说明热泵循环过程中的㶲损失越小，热力完善程度越好。

4.3　热泵的分类

由于热泵系统构成、设备特性、热源的种类以及用途的多样性，热泵的分类也多种多样，常见的分类方法有按低温热源分类、按驱动能源种类分类、按接触载热介质分类等，下面重点介绍以上三种分类。

4.3.1　按低温热源分类

1. 空气源热泵

空气源热泵系统原理如图 4-5 所示，以空气的热/冷量作为系统的低温热源，工作原理为逆卡诺循环，主要由压缩机、膨胀阀、蒸发器与冷凝器组成。

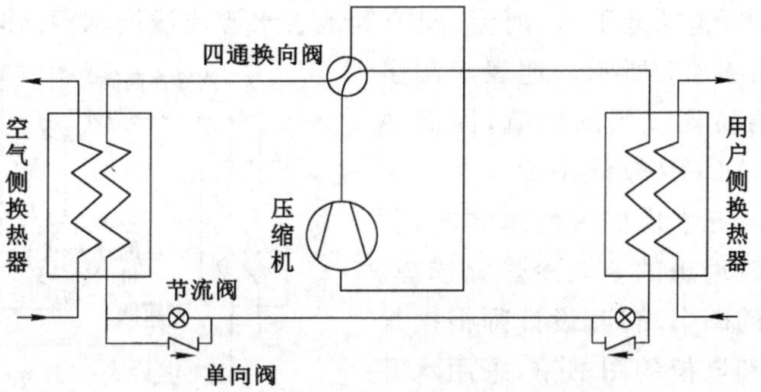

图 4-5　空气源热泵系统原理图

空气源热泵具有很多明显的优势，如安置比较自由，不需要单独设立冷热源设备和机房，不消耗冷却液，减少了有害物质的排放，不用设立锅炉房以及安全性更高等。同时，空气源热泵的缺点同样突出，空气源热泵机组占地面积大，不适合城市的集中供暖；空气能是低品位热能，制热速度较慢，热效率不高，并且在较为寒冷的地区容易出现结霜问题，从而使制热量下降。

2. 地源热泵

地源热泵以土壤、地下水作为低温热源，其系统原理如图 4-6 所示。地源热泵的埋管方式多样，有水平埋管、垂直埋管和桩埋管等，其中前二者较为常用。水平埋管是在浅层土地中水平埋设管道，大致可以分为单层埋管和多层埋管两种形式。水平埋管埋设深度浅、占地面积大，但由于施工工艺较简单，故初投资低。垂直埋管是在地层中垂直穿孔埋设管道，这种埋管方式相较水平埋管方式具有较深的敷设深度；但在土壤深处，土壤的温度及其特性不受地表温度的影响，一年四季土壤温度相对恒定。因此，垂直埋管方式比水平埋管方式具有

更好的换热能力，但由于其不易施工，故系统的初投资大，造价偏高。此外，由于土壤、地下水的温度受气候的影响很小，因而地源热泵较适合我国北方地区使用，可避免空气源热泵冬季运行易结霜的局限。

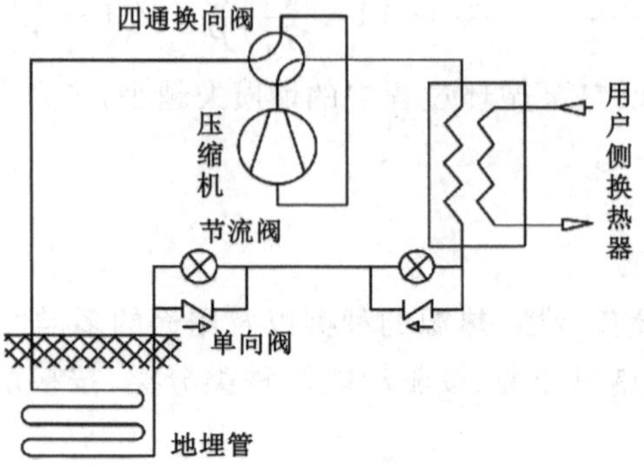

图 4-6　地源热泵系统原理图

同时地源热泵也面临地下土壤热失衡问题，有学者提出利用太阳能、化石燃料、空气源、工业余热等热源补偿方式和改变热泵运行策略的方式对土壤进行热补偿。

3. 水源热泵

水源热泵是以水（包括地下水、河流、湖泊等地表水源或浅层水源）作为热泵系统的低温热源，其系统原理如图 4-7 所示。地表水源虽然易获得，但其水温易受气候的影响，因而热泵机组在冬季运行时 COP 较低。

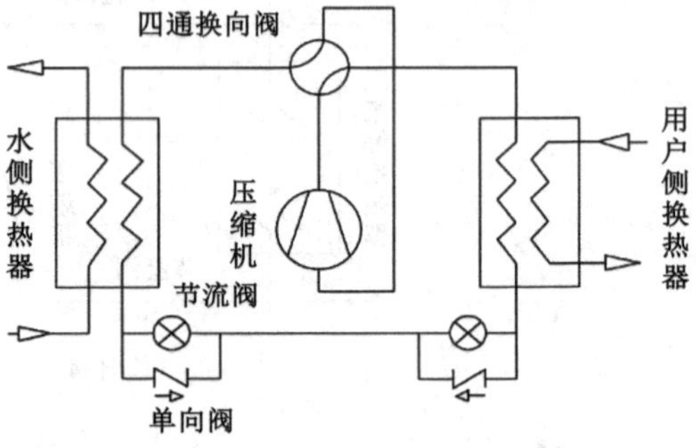

图 4-7　水源热泵系统原理图

建筑附近具有较好水质的天然水体时，利用水源热泵机组是较理想的空调冷热源选择。如四川大学某校区的图书馆，其设计师根据景观要求将江河水引到该校的图书馆，采用水源热泵机组进行供热与制冷，不仅美化了建筑环境，又有效降低了建筑能耗。水源热泵具有很多明显的优势，应用上具有寿命长、环保和节能等优点，除此之外，水体的温度相对稳定，其波动范围小于空气，可利用的水体温度能在夏冬季提供相对较低的冷凝温度和较高的蒸发温度，因此水源热泵机组运行稳定可靠，也不存在空气源热泵的冬季除霜等问题。但在实际应用中也存在安装成本高、受环境影响大、维护较为复杂等问题。若利用地下水，必须考虑回灌问题，且应结合当地的地质情况考虑回灌方式。回灌困难是目前大多数工程遇到的问题，地下水地源热泵的应用应慎重。

4.3.2 按驱动能源种类分类

热泵工作时，吸取自然热源作为获取热能的低温热源，需要通过驱动设备消耗一部分高位能源来实现。能源驱动方式通常可分为电驱动方式和热驱动方式两种。其中，电驱动方式以电动机为主要驱动设备，热驱动方式包括热能驱动和发动机驱动。热泵驱动能源示意如图 4-8 所示。

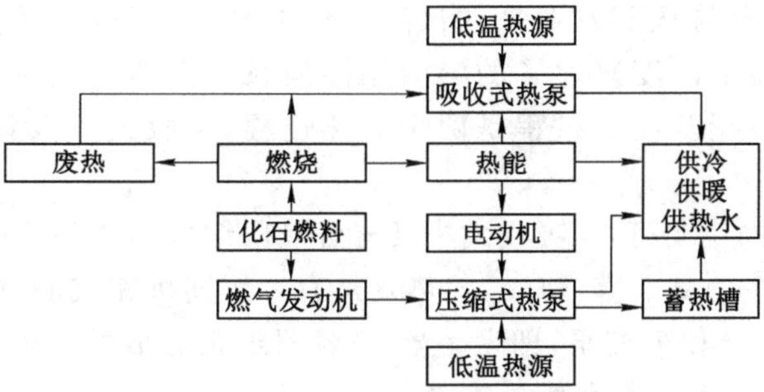

图 4-8　热泵驱动能源示意图

1. 电动机驱动热泵

电动机驱动是常见的驱动方式，一般以电动机为主要驱动设备，直接消耗部分电能作为设备驱动力，从而使压缩机开始工作，系统内工质进入循环。按照工程实践经验，一般小型、单相的电动机效率是 60%～80%，大中型电动机效率可达 93%左右。

2. 热驱动热泵

热驱动热泵包括以吸收式热泵为主的热能驱动和以内燃机为主的发动机驱动。

(1) 吸收式热泵

吸收式热泵是一种以热能为动力，利用溶液的吸收特性来实现将热量从低温热源向高温热源泵送的大型水-水热泵机组。吸收式热泵是回收利用低位热能的有效装置，适用于有废热或能通过煤、气、油及其他燃料获得低成本热能的场合，具有节约能源、保护环境的双重作用。

图 4-9 所示系统的工作过程是：利用外部热源（如水蒸气、热水或燃料的燃烧产物等）在发生器 1 中加热定浓度的溶液并使其沸腾；于是溶液中的低沸点组分大部分被汽化出来，在冷凝器 2 中凝结成液体；液体经节流阀 3 节流降压进入蒸发器 4 中，低温低压液体吸收低温热源的热量变为蒸气；在蒸发器中产生的低压蒸气直接进入吸收器 5 中。在发生器中经过发生过程后的溶液称为吸收液，其中低沸点组分的含量已大为降低；吸收液经溶液

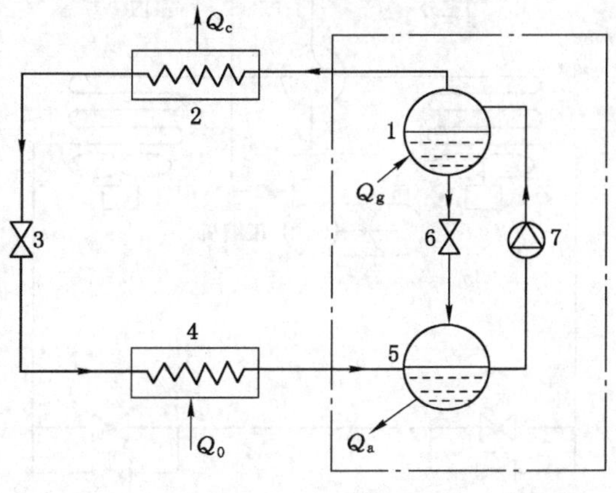

1—发生器；2—冷凝器；3—节流阀；4—蒸发器；5—吸收器；6—溶液阀；7—溶液泵。

图 4-9　最简单的吸收式热泵系统图

阀6降压进入吸收器中与从蒸发器来的低压蒸气混合,并吸收这些蒸气,溶液恢复到原来的低浓度;在吸收器中浓度复原了的溶液用溶液泵7升压后送到发生器中,继续循环使用。上述过程中,冷凝及吸收过程是两个放热过程,吸收式热泵就是通过这两个放热过程来制热的。

从上述工作过程的说明可知,吸收式热泵与蒸气压缩式热泵的不同点在于将低压蒸气变为高压蒸气所采用的方式。蒸气压缩式热泵是通过压缩机完成的,而吸收式热泵则是通过发生器节流阀、吸收器和溶液泵,即发生器-吸收器组来完成的。很显然,发生器-吸收器组起着压缩机的作用,故称为热化学压缩器。

(2) 燃气发动机式热泵

气体燃料发动机分为内燃机、外燃机和燃气轮机,均采用气体燃料作为驱动能源。当用于驱动热泵装置时,称之为燃气热泵。

燃气发动机驱动的热泵被认为是供暖和制冷方案中的首选,可以充分利用发动机的废热,实现比其他形式的加热/冷却系统更高的一次能量比。

燃气发动机驱动热泵比传统的电动热泵更节能。燃气发动机驱动热泵的容量可以轻松调整,以满足建筑物的荷载变化。增加燃气发动机驱动热泵的使用,可以平衡电力和天然气的消耗。燃气发动机驱动热泵有利于改善能源消耗结构,在社会和环境方面发挥重要作用。

4.3.3 按接触载热介质分类

按接触载热介质分类热泵主要包括空气-空气热泵、空气-水热泵、水-水热泵、水-空气热泵、土壤-空气热泵、土壤-水热泵等。

1. 空气-空气热泵

图4-10所示是空气-空气热泵简图。这种类型的系统就是大众所熟知的最普通的热泵,直接蒸发式盘管加热或冷却所需的空气,同时自室外环境空气吸取或排出热量。在制热模式下,随着室外环境空气温度的下降,压缩机所受的应力增加,空气-空气热泵系统设计的基本原则就是在所期望的最低环境温度下可以正常工作,不过耗能有可能会大幅度增加。

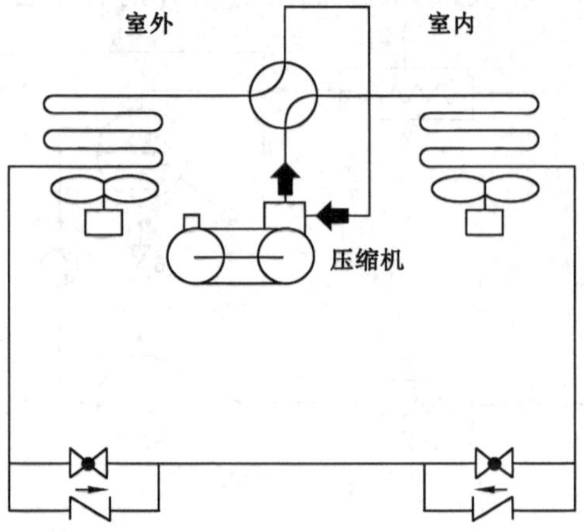

图4-10 空气-空气热泵简图

2. 空气-水热泵

图 4-11 所示是空气-水热泵简图。空气-水热泵是基于压缩式制冷循环，利用冷媒作为载体，自室外空气中吸取或排放热量，以满足制冷或制热需求的空调机组。夏季机组空气侧换热器（此时做冷凝器）向外排放热量，用于水侧换热器（此时做蒸发器）制备冷冻水，然后将制备的冷冻水输送至末端制冷设备；冬季则利用室外空气为热源，依靠空气侧换热器（此时做蒸发器）吸取室外空气中的热量，用于水侧换热器（此时做冷凝器）制备热水，然后将制备的热水输送至末端采暖设备。通过切换四通换向阀来改变制冷剂在制冷环路的流动方向，以实现夏、冬季工况的切换。

3. 水-水热泵

图 4-12 所示是水-水热泵简图。水-水热泵技术是一项空调技术，其机组的结构与常规水冷冷水机组基本相同。对一般水冷冷水机组而言，夏季制冷时，液态制冷剂在蒸发器内蒸发，带走热量，气态制冷剂经过压缩机压缩后，变成高温高压的气体，在冷凝器中凝结放热。当蒸发器从环境中吸收热量，再将热量传给冷凝器，从而实现制热功能，这就是水-水热泵机组的工作原理。

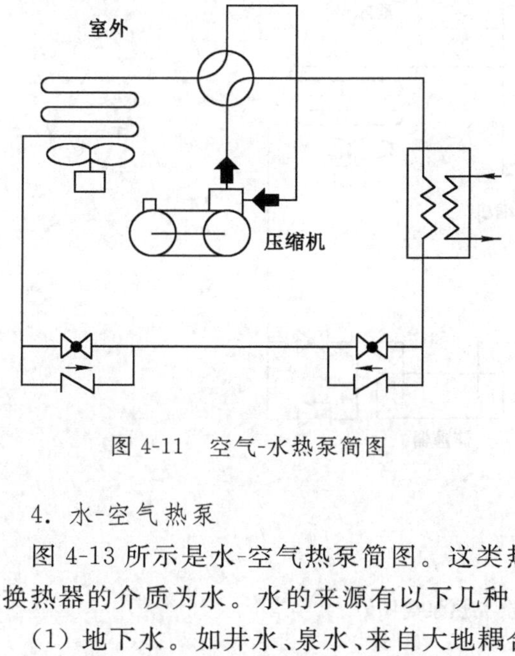

图 4-11　空气-水热泵简图

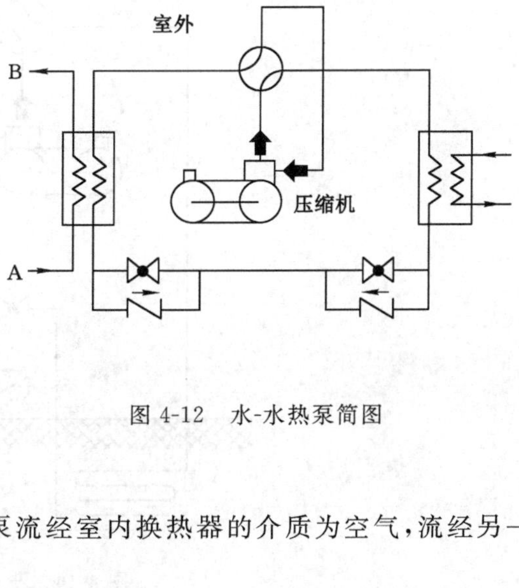

图 4-12　水-水热泵简图

4. 水-空气热泵

图 4-13 所示是水-空气热泵简图。这类热泵流经室内换热器的介质为空气，流经另一个换热器的介质为水。水的来源有以下几种：

(1) 地下水。如井水、泉水、来自大地耦合式换热器的水。

(2) 地表水。如湖水、池水、河水、海水。

(3) 内部热水。如现代建筑中空调水环回路产生的内部热水、卫生或洗衣废热水。

(4) 太阳能热水。如太阳能集热器的热水。

5. 土壤-空气热泵

图 4-14 所示是土壤-空气热泵简图。土壤-空气热泵以空气作为传热介质与土壤发生热交换，循环过程可利用自然通风或鼓风机提供动力，将室外空气导入地下埋管或地道中。利用浅层土壤与空气之间的温差给空气加热或者降温，然后将加热或者降温的空气直接输送到室内达到热舒适或者成为空气源热泵的冷热源。相比于其他地热利用方式，土壤-空气换热器系统设计简单，以空气作为换热循环工质，不存在流体工质泄露污染地下水或土壤的隐

患,整体投资相对较低,运行耗能较少。

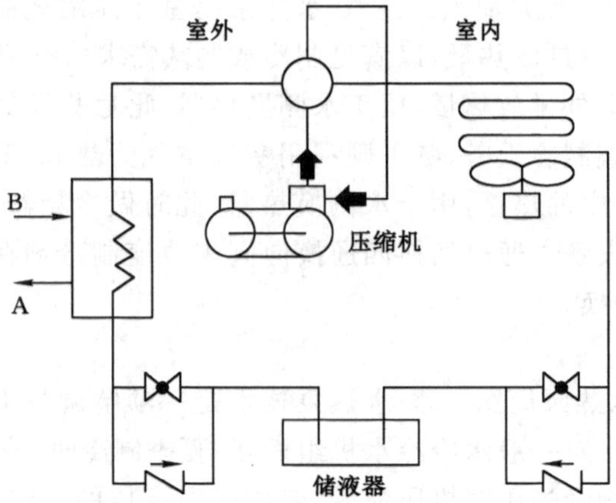

图 4-13　水-空气热泵简图

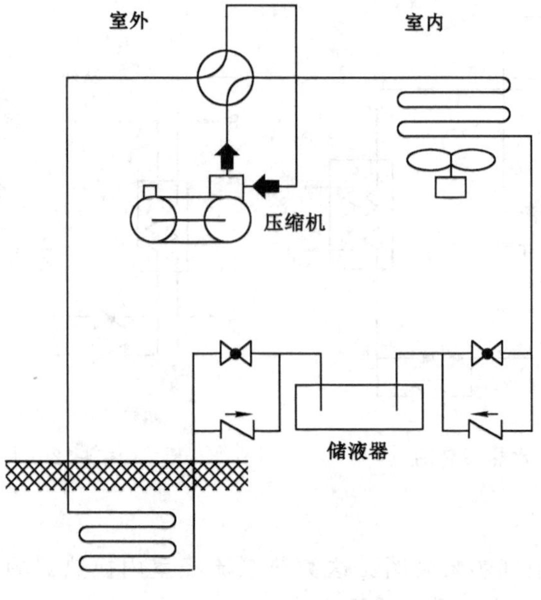

图 4-14　土壤-空气热泵简图

6. 土壤-水热泵

图 4-15 为土壤-水热泵系统的运行原理图。在制冷工况下,蒸发器内的制冷剂相变蒸发吸收末端用户端循环所携带的热量,同时,水源热泵内的压缩机对制冷剂做功,热泵冷凝器内的制冷剂冷凝相变,通过水路循环将制冷剂所携带的热量吸收,最终通过地埋管内的水路循环转移至土壤中。此时,用户端的房间通过风机盘管等设备供冷。

供暖工况下通过切换水管路上的阀门,地埋管侧的水路循环吸收土壤里的热量,用于热泵蒸发器内的制冷剂蒸发,用户侧水路系统连接冷凝器,用户末端设备运行循环把因制冷剂而产生的热量带入建筑物内部,这样建筑物内部的温度自然就会上升,确保给建筑物供暖。

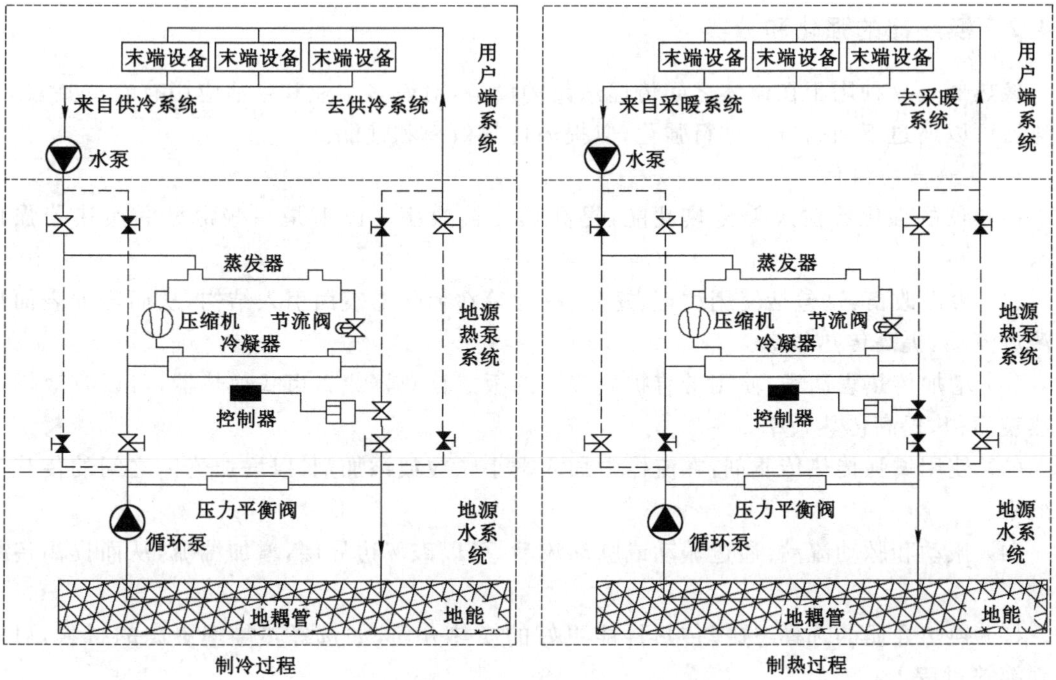

图 4-15　土壤-水热泵工作原理图

4.4　蒸发器和冷凝器的设计

4.4.1　通用换热器

通用换热器是指一类用于在流体之间传递热量的设备，不受特定应用领域的限制，适用于广泛的工业、商业和生活领域。这类换热器通常具有通用的设计和结构，可以在多种环境中使用，以满足不同的热交换需求。

通用换热器通常呈现多个特点。首先，它们具备多用途性，用于各种热交换，也适用于不同工业过程以及商业和住宅建筑的暖通空调系统。其次，通用换热器的灵活性使得其设计和构造可以根据具体应用需求进行定制和调整，与不同管道系统、流体类型和操作条件集成比较方便。再次，通用换热器的设计通常遵循行业标准，以实现标准化，从而便于与其他设备和系统集成。此外，它们还具备较强的适应性，能够适应不同工作温度、压力和流速，满足各种应用需求。

作为通用性设备，这类换热器依然追求高效的热交换效率，以确保能源利用和性能的最佳化。根据流体性质、工作环境和特殊需求，通用换热器可以选择不同类型的材料，以适应各种腐蚀、温度和压力条件；同时设计时注重易于维护，便于清洁和检修。虽然在特定应用场景中，特殊设计的换热器可能更为适用，但通用换热器在许多领域仍发挥着重要作用，为热交换提供了灵活高效的解决方案。

4.4.2 换热器的强化和分类

换热器是一种用于在流体之间传递热量的设备，对许多工业和生活应用有着重要意义。换热器可以通过不同的方式进行强化，以提高传热效率和性能。

1. 换热器的强化

换热器的强化旨在改善传热性能，提高热交换效率。以下是一些常见的换热器强化技术。

(1) 表面改良：这包括使用纹理、翅片、鳍片等在换热器表面引入结构，从而增加表面积和湍流流动，提高传热效率。

(2) 增加传热表面积：使用带有扩展表面的板式换热器或管束式换热器，可以有效增加传热表面积，提高传热效率。

(3) 使用增强传热传质剂：在流体中加入微小颗粒或添加剂，以增加流体之间的传热传质效率。

(4) 振动和脉动流动：通过振动或脉动流动，可以破坏边界层，增加湍流，从而提高传热效率。

(5) 换热介质的选择：选择传热性能更好的换热介质，如选择热导率更高的材料，可以增强换热过程。

2. 换热器的分类

根据不同的特征和应用，可以将换热器进行多种分类。

(1) 根据热交换过程两流体是否直接接触，可以分为直接交换和间接交换换热器。

(2) 根据结构形式，可以分为管壳式、板式、螺旋式、管束式等换热器。

(3) 根据流体形态和物性，可以分为液-液换热器、气-气换热器和气-液换热器等。

(4) 根据流体流动状态，可分为并流（流体在同一方向流动）和逆流（流体在相反方向流动）换热器。

(5) 根据应用领域和具体应用，可以有供暖换热器、冷却换热器、蒸发换热器等。

(6) 根据传热机制不同，可分为对流换热器、辐射换热器和传导换热器。

以上换热器的分类形式只是根据某一特定方面进行的，并不是一成不变的，实际工程应用中根据具体的应用需求和热交换过程的特点进行综合选择。换热器的强化和分类有助于优化热交换过程，提高能源利用效率。

4.4.3 蒸发器

蒸发器在制冷系统中扮演着至关重要的角色。在制冷循环中，制冷剂液体在蒸发器内吸收外界的热量并发生汽化，以起到冷却空气或其他介质的作用，有效地实现了制冷的目标。而在热泵系统中，蒸发器则承担着从低温热源吸收热量的任务。为了保证蒸发器的高效率和紧凑设计，其传热系数的大小显得尤为重要，这是因为蒸发器需要迅速将热量传递给制冷剂，以促使其从液态转变为气态。在实际运行中，蒸发器的设计应当尽量提高传热系数，以确保系统的制冷效率达到最佳状态，并使蒸发器的体积尽可能小。

在蒸发过程中，为了保障压缩机的正常运行，制冷剂离开蒸发器时应达到完全汽化状态，不应含有液滴，否则可能会影响压缩机的性能和使用寿命。为此，常常在蒸发器的出口处设置气液分离器，其作用是进一步确保制冷剂从蒸发器流出时不含有液态成分。这一措施不仅有助于保护压缩机的运行，也能提升整个制冷系统的可靠性和效率。

蒸发器在制冷和热泵系统中都具有重要作用，通过优化其设计和功能，可以实现高效的热交换，从而确保系统的稳定性、能效性和可靠性。

蒸发器有多种形式，一般来说可以分为如下几类。

1. 干式蒸发器

干式蒸发器(dry evaporator)，是一种用于制冷和空调系统中的蒸发器类型。与其他蒸发器不同，干式蒸发器中制冷剂以气的形式进入蒸发器，与空气或其他流体进行热交换并发生汽化，从而实现制冷效果。这种设计使得制冷剂在蒸发过程中不会与待冷却流体直接接触，因此称为“干式”。

干式蒸发器的工作原理如图 4-16 所示，制冷剂进入干式蒸发器，并在内部管路中形成气态或过饱和气态，待冷却的空气或其他流体通过蒸发器的外部管路，与制冷剂管路隔离，进行热交换，制冷剂的热量被传递到外部流体，导致制冷剂从气态转变为饱和蒸气或过饱和蒸气状态，饱和或过饱和蒸气通过蒸发器的出口，进入下一步的冷凝过程。

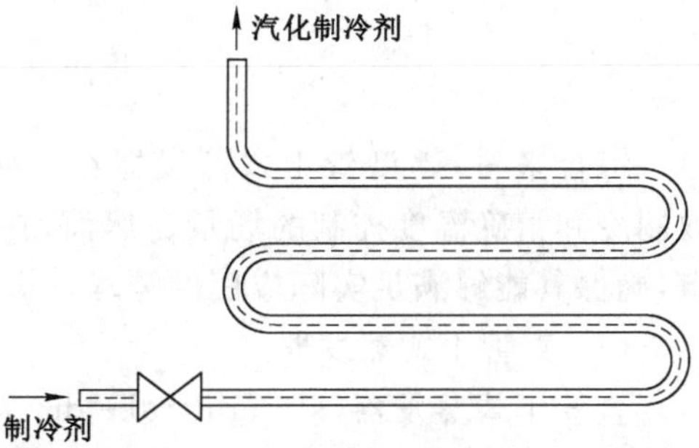

图 4-16　干式蒸发器原理图

干式蒸发器具备多项优势。首先，它避免了制冷剂在蒸发器内形成液滴，因为制冷剂以气态形式进入，从而防止了液滴对系统性能的负面影响，如对压缩机的损害。其次，干式蒸发器拥有较大的热交换表面积，使其能够实现高效的热传递，从而提升整个制冷系统的效率。再次，干式蒸发器适应高湿度环境，因为不会产生冷凝水滴，减少了冷凝水对蒸发器性能的干扰。最后，由于制冷剂与外部空气不直接接触，降低了霜冻的风险。这些特点使得干式蒸发器成为一种性能出色且适应性强的选择。

(1) U 型管干式蒸发器

U 型管干式蒸发器是一种干式蒸发器的设计变体，如图 4-17 所示，常用于空调和热泵系统中。它得名于其内部管路呈 U 形排列的结构。这种设计使得制冷剂在蒸发过程中能够更有效地与空气或流体进行热交换，从而实现制冷效果。

U 型管干式蒸发器在多个方面展现出明显的优势。首先，其独特的结构极大地增加了热交换的表面积，从而有效地促进制冷剂与空气或流体之间的热交换，进一步加速汽化过程，有助于提升整体制冷效率。其次，当需要精确的温度控制时，U 型管干式蒸发器表现出色，其高效的热交换能力能够保持稳定的出风温度或流体温度。此外，其具有一个突出的优势是其高度适应性，得益于其结构和高效的热交换特性。U 型管干式蒸发器适用于各种空调和热泵系统，在不同的应用环境中均可实现高效的制冷效果。

然而，值得注意的是，U 型管干式蒸发器也存在一些制约因素。首先，其复杂的设计导致制造和安装成本较高。其次，由于 U 型管的特殊结构，可能需要更大的安装空间，这在某些空间受限的应用环境中可能会带来挑战。最后，由于其出色的热交换性能和独特设计，U 型管干式蒸发器的初始投资成本相对较高，特别是在小型应用中可能显得较为昂贵。

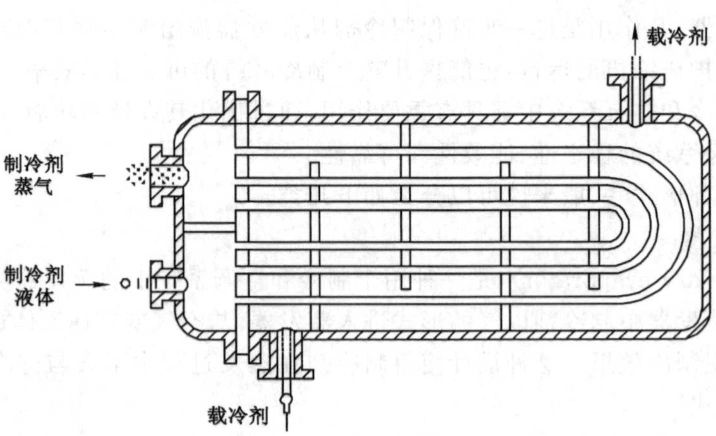

图 4-17　U 型管干式蒸发器

综合来看，U 型管干式蒸发器在一些特定的应用环境中表现出色，尤其适用于需要高效制冷和精确温度控制的场景。然而，在选择使用 U 型管干式蒸发器时，需要考虑其优缺点，确保其能够满足实际应用的需求。

(2) 直管干式蒸发器

直管干式蒸发器(straight tube dry expansion evaporator)是一种常见的干式蒸发器类型，如图 4-18 所示，用于空调热泵系统中。与其他干式蒸发器一样，直管干式蒸发器通过让制冷剂以气态形式进入蒸发器，与外部的空气或流体进行热交换并发生汽化，从而实现制冷效果。其特点在于内部管路呈直管排列。

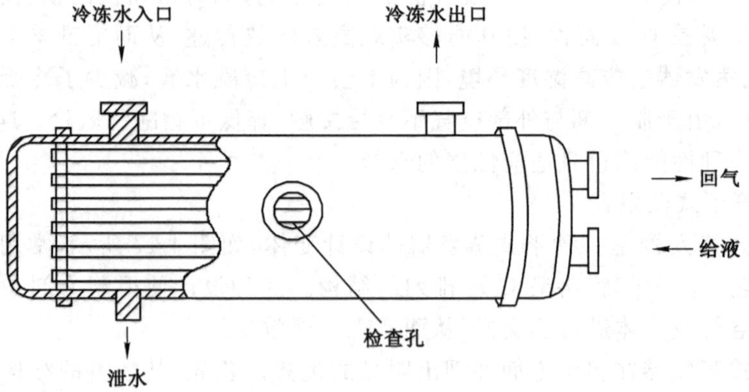

图 4-18　直管干式蒸发器

直管干式蒸发器以其独特的设计呈现出显著的特点。其内部制冷剂管路的直管排列，确保了制冷剂在蒸发过程中与空气或流体进行均匀的热交换。进一步，其直管排列设计增强了制冷剂与外部空气或流体的热交换效率，因此促使制冷剂更快地蒸发。适应性强是其又一显著特征，直管干式蒸发器能够在多种空调、制冷和热泵系统中展现出高效制冷效果，适用于不同的应用环境。精确的温度控制同样是直管干式蒸发器的优势，类似于其他干式蒸发器，其高效的热交换能力有助于维持稳定的出风温度或流体温度。

直管干式蒸发器在一些需要高效制冷、精确温度控制和适应性强的应用中表现出色。

它的设计旨在优化热交换效率,确保制冷剂能够迅速汽化并实现制冷效果。

(3) 板式蒸发器

板式蒸发器(plate evaporators)是一种紧凑型的热交换设备,如图 4-19 所示,通常用于制冷、空调、化工、食品加工等领域。它采用板式结构,将多个金属板堆叠在一起,通过这些板之间的通道实现热交换,将液体制冷剂转变为气态。

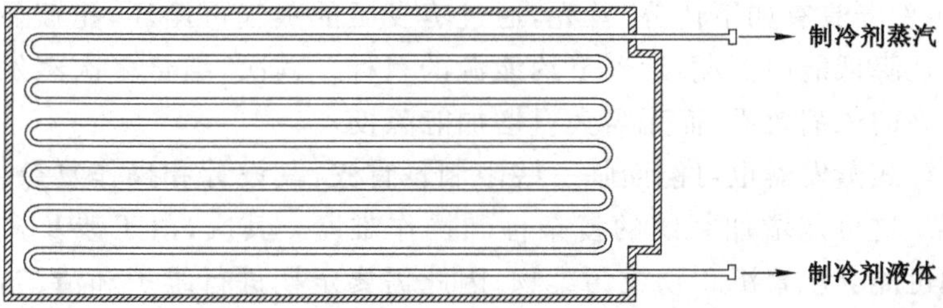

图 4-19　板式蒸发器

板式蒸发器具有独特的特点和工作原理。首先,其构造包括多个金属板,这些板之间形成了流体通道,使得制冷剂和待冷却的流体能够在这些通道内进行热交换。其次,金属板通道呈现细长形态,从而极大地扩增了热交换的表面积,以实现高效的传热,这进而使制冷剂得以迅速汽化。紧凑的设计则是板式蒸发器鲜明的特色之一,常常具有占用较小物理空间的紧凑结构,从而在受空间限制的应用环境中表现出优势。此外,板式蒸发器的结构具有一定的定制性,可以根据特定需求进行设计,因此具备适应不同工作条件和流体的灵活性。板式蒸发器的易清洁性和维护性是其另一显著优势,因其板间通道较为狭窄,清洁和维护过程相对便捷。此外,板式蒸发器展现出广泛的适应性,能够应用于多种制冷剂和流体,从而在多个应用场景中展现出强大作用。

板式蒸发器在有限的空间中,其紧凑的设计非常有优势。然而,与其他类型的蒸发器一样,选择适合的蒸发器类型需要考虑实际应用的要求和性能。

2. 再循环式蒸发器

再循环式蒸发器(recirculating evaporator),也称为再热器蒸发器(reheating evaporator),是一种用于蒸发过程中的热交换设备,如图 4-20 所示。它通常用于一些需要特定温度和浓度的液体蒸发过程中,如化工、食品加工、制药等工业领域中的某些环节。

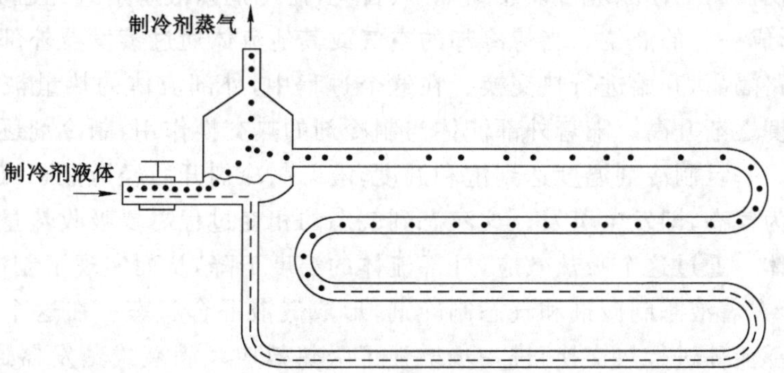

图 4-20　再循环式蒸发器

再循环式蒸发器的工作原理可概括如下：初始液体或液体混合物首先进入蒸发器，经过加热，部分液体蒸发生成蒸气，实现浓缩过程。接着，引导部分蒸气回到蒸发器内，进行蒸气再循环。这些再循环蒸气再次与未蒸发的液体或混合物接触，通过交替循环产生进一步的浓缩。为提高蒸发效率，可采用再热或再压缩方式实现这一过程。最终，透过蒸发和蒸气再循环的往复作用，液体中的溶质浓度逐渐提升，达到所需的浓缩水平。

再循环式蒸发器具有如下优势：首先，通过蒸发后的蒸气再循环，能够显著提升热交换效率，从而有效地降低能源消耗，达到节约能源的目标。其次，结合多次蒸发和再循环的方式，能够实现更高的浓缩效果，而无需大量增加能源投入。

然而，再循环式蒸发器也可能面临一些限制。首先，其设计和操作复杂度较高，需要精确的控制和调节，这可能增加系统的复杂性和操作难度。其次，由于涉及多次蒸发和再循环，蒸发器内部可能会积聚沉积物或污染物，因此需要定期进行维护和清洁，以确保系统的正常运行。

总体而言，再循环式蒸发器在需要高度浓缩和精确控制的工业过程中具有重要作用，能够实现更高效的蒸发和浓缩效果。选择使用再循环式蒸发器时，需要考虑其复杂性和适用性，确保能够满足实际应用的需求。

3. 满液式蒸发器

满液式蒸发器(flooded evaporator)是一种用于制冷系统的蒸发器类型，通常用于低温制冷和冷冻，如图 4-21 所示。在满液式蒸发器中，制冷剂以液态形式充满蒸发器的管路，然后通过一定的方式进行汽化，从而实现制冷效果。

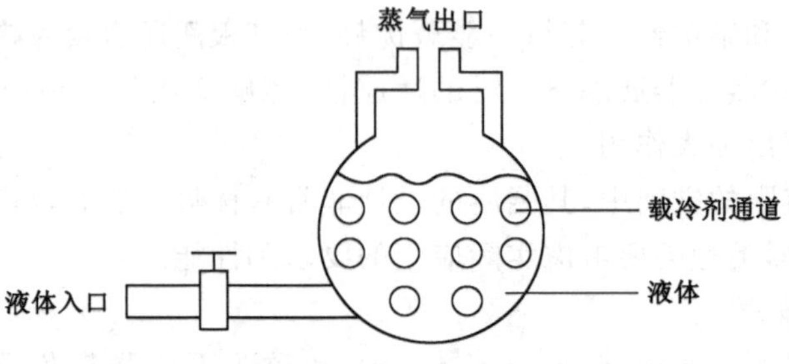

图 4-21　满液式蒸发器

满液式蒸发器的工作原理可以总结如下：首先，制冷剂以液态形式充盈于蒸发器的管路和换热表面，形成一定的液位。当待冷却的空气或其他流体通过蒸发器外部管路流过时，与内部制冷剂管路隔离，开始进行热交换。在这个过程中，外部流体的热量被传递给制冷剂，导致制冷剂温度逐渐升高。随着外部流体与制冷剂的热交换作用，制冷剂逐渐升温，直至达到其饱和温度。一旦制冷剂温度达到饱和温度，液态制冷剂开始经历液态汽化，部分液态制冷剂逐渐转变为气态，即发生蒸发。这液态到气态的相变过程需要吸收热量，而这些热量主要来自外部流体。通过这个吸热效应，外部流体的温度下降，从而实现了制冷效果。在蒸发器内部，同时存在着液态制冷剂和气态制冷剂，形成气液混合状态。在这个状态下，制冷剂蒸气继续与外部流体进行热交换，进一步增强了吸热效应。满液式蒸发器通过利用制冷剂从液态到气态的相变过程，吸收外部热量，以降低外部流体的温度，从而实现了制冷效果。

满液式蒸发器在制冷领域中具备一系列独特的特点，使其在特定的应用场景中表现出色。首先，它充分利用液态制冷剂，通过与外部流体的热交换快速实现液态汽化，从而高效地吸收大量热量，实现卓越的制冷效果；其次，满液式蒸发器通常能够提供稳定的出口温度，这有助于保持系统内温度的精确控制，尤其对于需要精确温度控制的应用而言，显得尤为重要。此外，液态制冷剂持续存在，有助于减少干烧现象（即制冷剂不足）的风险，从而确保系统平稳运行。在低温环境中，满液式蒸发器还展现出良好的抗霜冻能力，液态制冷剂的存在有助于减少系统受霜冻问题的影响，减少了维护需求。

然而，满液式蒸发器也可能面临一些限制，如液位控制的复杂性、设计和维护方面的挑战等。因此，在选择使用满液式蒸发器时，需要综合考虑其特点以及应用的需求，以确保能够实现高效稳定的制冷效果。

4. 喷淋式蒸发器

喷淋式蒸发器（spray evaporator）是一种用于蒸发过程的热交换设备，通常用于液体蒸发和浓缩。在喷淋式蒸发器中，液体通过喷淋系统以雾状喷雾的形式被引入蒸发器，与外部空气或其他气体进行热交换，并在这个过程中实现液体的蒸发。

喷淋式蒸发器的工作原理如下：初始液体或液体混合物通过喷淋系统被雾化成微小的液滴，这些液滴被均匀地释放到蒸发器内部。喷淋系统通常包括喷嘴、泵和管路等组成部分。随后，外部空气或其他气体通过蒸发器的外部通道流过，与内部的液滴雾化进行热交换。在这个过程中，外部气体的热量被传递给液滴，促使液滴发生蒸发。液滴逐渐蒸发成为气体，实现了液体的蒸发和浓缩过程。在蒸发的过程中，液滴吸收外部气体的热量，从而控制蒸发的温度和速率。这个蒸发过程是一个吸热过程，液体蒸发时吸收外部热量，导致外部气体温度下降，从而促成液体的蒸发和浓缩。通过连续的喷淋和蒸发过程，液体中的溶质浓度逐渐上升，最终达到所需的浓缩程度。总而言之，喷淋式蒸发器通过将液体喷雾蒸发成气体的过程，实现了液体的蒸发和浓缩，在众多应用领域中扮演着关键角色。

喷淋式蒸发器在液体蒸发和浓缩过程中具有一系列独特的特点，使其在特定的应用场景中表现出色。喷淋式蒸发器适用于高浓度液体的浓缩，能够将溶质浓度提升至所需水平。其连续操作特性使其适用于需要连续蒸发和浓缩的工艺。通过液体雾滴与外部气体充分接触，喷淋式蒸发器能够高效传热，从而实现能源的节约和操作成本的降低。此外，其适应性强的特点使其适用于多种液体和流体，因此在化工、食品加工、废水处理等领域具有广泛应用。最后，喷淋系统的流量和喷雾量可进行精确调节，实现对蒸发和浓缩过程的精密控制。

然而，选择使用喷淋式蒸发器时，需要考虑液体喷雾的均匀性、喷淋系统的设计和维护等方面的因素。不同应用场景的要求可能会影响喷淋式蒸发器的选择和性能。

4.4.4　冷凝器

冷凝器是一种用于将气体或蒸气转变成液体形态的设备。它通常在热交换或工业过程中使用，用来冷却蒸气或气体，使其凝结成液体。冷凝器的基本原理是利用冷却介质（通常是水或其他冷却液体）的低温来提取热量，使气体或蒸气的温度降低，从而促使其从气态或蒸气态转变为液态。通常可分为如下几种。

1. 空气冷却式冷凝器

空气冷却式冷凝器是一种将气体或蒸气通过暴露在环境空气中来冷却和凝结的设备。它的工作原理是利用较低的环境空气温度将高温的气体冷却至凝结温度，使其从气态转变为液态。

空气冷却式冷凝器的显著特点在于其不需要额外的冷却介质，而是依赖于将气体或蒸气暴露于周围环境空气中以实现热交换；此外，其冷却效果可通过自然对流机制或借助风扇等主动冷却装置的协助来加强；通常，空气冷却式冷凝器主要应用于室外环境，如工厂和发电站，因为其操作不依赖于大量的冷却水供应。这种特性使其在资源稀缺的水资源环境或者具备恶劣环境条件的场景中尤为有益和适用。

尽管空气冷却式冷凝器具有一些优点，但若不依赖额外的冷却水和适用于室外环境，它们的冷却效率通常相对较低，特别是在高温环境下。在一些需要高效冷却的应用中，可能需要考虑其他类型的冷凝器，如水冷式或水-空气冷却式冷凝器。

2. 自然对流冷却冷凝器

自然对流冷却冷凝器是一种利用自然对流现象进行冷却的设备，用于将气体或蒸气冷却并凝结成液体状态。自然对流是指由于温度差异引起的流体内部的自发循环运动，不需要外部力量的驱动。

在自然对流冷却冷凝器中，热源（通常是气体或蒸气）的高温会导致其温度上升，使得热源的密度减小，从而产生向上的浮力。冷却介质（通常是空气）的低温和高密度会引起向下的重力作用。这种密度差异会产生流动，使得热源周围的冷却介质流动并带走热量，从而实现冷却和凝结。

自然对流冷却冷凝器的显著特点有以下几个方面：首先，其自身流动机制不依赖外部风扇、泵等附加能源，而是借由密度差异所引发的自发性流动来实现，因而不需要外部能源的输入以推动流动。其次，这类冷凝器的设计通常较为简约，不需要涉及复杂的机械部件，从而有助于削减造价并减轻维护工作的负担。此外，自然对流冷却冷凝器的适用范围主要集中于规模较小的应用领域，由于其冷却效能较低，不适合于那些对大量热量传递具有要求的情境。尽管如此，该类冷凝器的性能劣势在很大程度上取决于温度差异的大小，当温差不充分时，其流动和传热效能可能受到制约。

尽管自然对流冷却冷凝器具有一些限制，但在某些小规模或简单的应用中，它们可能是一种经济有效的解决方案，特别是在无法获得外部能源或有限预算的情况下。对于大规模或高效的冷却需求，可能需要考虑使用其他类型的冷凝器，例如通过风扇强制对流的空气冷却冷凝器。

3. 强制对流式冷却器

强制对流式冷却器是一种通过外部风扇或泵等设备来增强流体内部的流动，以提高冷却效率的设备。它们用于将热源（通常是气体或蒸气）的热量传递给冷却介质（通常是空气或液体），从而将热源冷却并凝结为液体。

强制对流式冷却器具有一系列显著特点，首先，该类型的冷却器通过外部风扇、泵或其他设备的引导，驱动冷却流体的流动，从而增强流体的运动性，进而提升热量传递的效率。其次，借助强制对流机制，冷却介质能够有效地抵达热源区域，快速地吸收热量，通常表现出较高的冷却性能。此外，强制对流式冷却器在大规模热量传递需求的领域中得以应用，如工业制造、电力发电站以及大型机械设备等。该类型冷却器具备一定程度的调控灵活性，可通过调整风扇的转速或泵的流量，以适应不同的工况和温度要求。然而，鉴于强制对流式冷却器的流体流动需要外部设备的辅助，因此其设计和操作复杂性相对较高，需要较为丰富的机械和电气元件来实现其稳定运行和有效控制。

强制对流式冷却器在许多工业和商业应用中非常常见。它们可以用于各种场景，从计算机散热器到发电厂的冷凝系统，都可以通过增加外部风扇或泵来提高冷却效率。这种类型的冷却器能够在不同的工况下实现更可控的温度管理，因此在需要高效热量传递的情况下是非常有用的。

4．水冷式冷凝器

（1）壳管式水冷冷凝器

壳管式水冷冷凝器是一种常见的冷却设备，用于将气体或蒸气通过壳管结构中的管束与外部循环的冷却水进行热交换，使其冷却并凝结为液体状态。这种冷凝器通常用于热能转移和冷却应用，如发电站、化工工厂和制冷系统。

该冷凝器的构成由外部壳体与内部管束所组成，内部管束用于容纳热源（如气体或蒸气），而冷却介质（冷却水）则在外部壳体中流动。在热交换过程中，冷却水通过壳体外部流动，与内部管束中的热源进行热交换。这一过程导致冷却水吸收热源的热量，冷却水温度升高，同时热源在热交换过程中冷却并凝结为液体。冷却水一般通过循环系统供应，可以通过冷却塔或冷却池进行水温调节，以保持其冷却效率。

壳管式水冷冷凝器的热交换效率较高，但其冷却能力和容量受冷却水温度和流量等因素的影响。然而，鉴于其相对复杂的结构，壳管式冷凝器在维护和清洁方面可能需要额外的关注和工作。

总的来说，壳管式水冷冷凝器作为常见且有效的冷却设备，适用于多种需要将热源冷却成液体的工业和商业应用。其独特的结构和工作原理使其在多个领域中都具备广泛的应用潜力。

（2）卧式壳管式冷凝器

卧式壳管式冷凝器是壳管式冷凝器的一种变体，其主要特点是壳体和管束的排列方式为水平横置，即壳体与管束的轴线是水平的。这种设计适用于一些特定的空间限制或布局要求，可以有效利用水平空间。卧式壳管式冷凝器在工业和商业应用中常见，用于将气体或蒸气冷却并凝结为液体。

卧式壳管式冷凝器呈现出一系列显著的特点和应用情况。首先，其水平布局赋予其出色的水平有限空间适应性，适用于需要充分利用水平布局的环境。其次，卧式壳管式冷凝器的热交换效率通常与竖直排列的壳管式冷凝器相当，然而具体的效率受冷却水的流动以及管束设计等因素的制约。此外，与其他壳管式冷凝器相同，卧式壳管式冷凝器也需经常进行定期维护和清洁，以保障其正常运行。在电力站、化工工业、制冷系统以及某些需要横向布置的场所，卧式壳管式冷凝器得到广泛的应用。尽管卧式壳管式冷凝器在布局上显现独特性，然而其基本的工作原理与竖直排列的壳管式冷凝器相近。因此，在选择冷凝器类型时，务必充分考虑实际布局和空间需求，以确保卧式壳管式冷凝器能够满足冷却需求并实现最佳效能。

（3）套管式冷凝器

套管式冷凝器，也称为管外冷凝器或管套冷凝器，是一种冷却设备，用于将气体或蒸气通过套在管外的冷却介质（通常是水）进行热交换，从而将热源冷却并凝结为液体。

套管式冷凝器呈现的独特特点，深受工业领域的关注。其核心结构由内外两层管道组成，内层管道用于热源（如气体或蒸气）的流动，而外层管道则供冷却介质（如冷却水）流过，通过内外管之间的管壁实现热交换。在热交换过程中，冷却水在外管中流动，通过管壁与内部的热源接触，吸收其热量，致使热源冷却并凝结成液体。套管式冷凝器在需要高效热交换的场景中表现卓越，其紧凑的设计使其能够在有限的空间内实现大规模的热能转移。此外，相对较大的内外管间隙使得维护和清洁相对容易，便于操作。在应用方面，套管式冷凝器广泛应用于工业过程，如化工、石油和制药等领域。同时，它也在发电站和制冷系统等领域发挥重要作用。

尽管套管式冷凝器具备高效热交换和相对简单的维护优势，其复杂的结构可能导致制造和安装成本较高。因此，在冷凝器类型的选择过程中，需要充分综合考虑具体的冷却需求、预算以及布局要求，以确保选用最为适宜的冷凝器类型，以实现最佳的冷却效果。

5. 喷淋式冷凝器

喷淋式冷凝器是一种利用喷淋液体（通常是水）来冷却和凝结气体或蒸气的设备。它在工业和商业领域中常用于将高温气体冷却成液体，并且通常用于处理高热量或高湿度的气体。

喷淋式冷凝器是一种独特的冷却设备，适用于特定的应用场景。其主要特点如下：① 喷淋式冷凝器通过将喷淋液体雾化或喷洒到热源气体或蒸气上，以蒸发原理实现高效冷却。这种方法的热交换效率相对较高，适用于需要迅速降温的情况。② 喷淋式冷凝器主要用于处理高温气体或蒸气，例如电厂的烟气排放。它能在较短时间内将高温气体迅速冷却并凝结为液体。此外，喷淋过程中液体的蒸发会增加空气湿度，这在需要湿度调节的环境中可能具有优势，比如干燥环境。喷淋式冷凝器的紧凑设计使其能够在有限空间内实现高效热交换。③ 通过调整喷淋液体的流量和温度，可以精确控制其冷却效果，以满足不同工况的需求。尽管喷淋式冷凝器在维护和清洁方面通常较为便捷，但其主要限制之一是能源消耗，因为喷淋液体的蒸发需要能量。在选择冷凝器类型时，需要综合考虑应用需求、能效标准和设备成本等多个因素，以做出最为合适的决策。

4.5 矿山余热废热利用耦合热泵技术

从宏观的角度来看，经济发展速度、人口数量与能源消耗之间存在着密切的相互关系。当前能源严重短缺问题主要源自人口数量的迅速增加和过快的经济发展。在过去几个世纪里，人类对资源的需求显著增加，随之大规模的资源开采也日益增加。然而，地球的资源储量是有限的，这不可避免地导致了化石能源的紧缺问题。

在我国，传统的供热方式主要依赖于煤炭的燃烧，但燃煤供热存在着诸多问题，如效率低、污染严重等。煤、石油、天然气等能源在使用过程中产生的大量余热并未得到充分利用，这导致了能源的浪费。同时，这些能源的使用也带来了严重的环境和生态问题，对人类的正常生活产生了严重影响。

特别是在我国的煤矿区，大部分采用燃煤锅炉进行供热，随着矿区规模的不断扩大和产能的不断增强，现有的能源系统已无法满足需求，改造和扩建已成为必然，然而，环保要求的提高也使得燃煤锅炉的使用面临限制。矿区拥有丰富的低温热源，如矿井回风、矿井排水、各类余热等，但其总体特点是能量形式多样、温度低、水质差等。如何低成本、高效地再利用这些余热，成为矿区节能减排的重要课题。

在这种背景下，热泵技术展现出显著而独特的优势。热泵可以在低温下回收余热，提供较高品位的热能。当前，人们正在深入研究多种循环方式和不同工质的物性，以提高热泵在节约能源、提高能源利用效率和环境保护方面的应用价值。总之，热泵技术的发展与应用在推动能源可持续利用、提高资源利用效率和实现环境保护方面具有积极而重要的意义。

4.5.1　矿井回风热源热泵技术

4.5.1.1　热泵系统技术原理

在制热模式下，矿井回风源热泵系统通过回风换热器实现回风热能的提取，以喷淋取热模式为例。首先，利用喷淋换热技术将回风中的热能转移至循环水中。随后，循环水经过导流槽流入汇水槽，然后通过集水管道进入集水池。在此期间，经过水处理设备的加工处理，以确保水质符合后续热交换的需要。接下来，处理后的循环水进入热泵机组，与热泵机组的蒸发器之间进行热交换。在蒸发器内，低温低压制冷剂液体吸收循环水中的热能，逐渐转变为低温低压的制冷剂蒸气。制冷剂蒸气经过压缩机，被压缩成高温高压状态；随后，高温高压的制冷剂蒸气进入冷凝器，放出热量，将冷水加热为热水，供应给建筑用户，以满足暖房和生活热水的需求。系统运行原理的示意图见图 4-22，详细解释了矿井回风源热泵系统的核心原理和操作步骤。

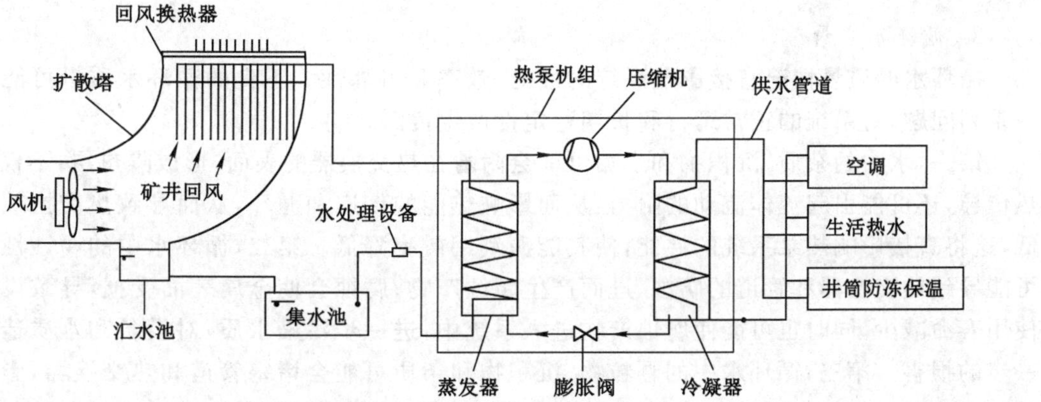

图 4-22　回风源热泵制热原理图

根据矿区用热情况，春秋季煤矿地面建筑既无供暖要求，也无空调制冷要求，只有洗浴热水用热要求。在过渡季节可以采用空气源热泵系统，获取空气中的低温热能，利用热泵获取高温热能，用来供应热水。

4.5.1.2　影响因素及相应措施

1. 回风温度和热能含量

回风温度和热能含量是回风源热泵系统性能的关键因素之一，它们会直接影响系统的能效、供暖能力和经济性。但是，由于热量传递的应用场景、系统设计和技术水平的不同，具体的影响因素也会有所不同，以下是对回风温度和热能含量的讨论。

(1) 回风温度

高回风温度意味着回风中的热能含量更为丰富，这有助于更迅速地将热能传递给循环水，从而有效提高热交换效率，使得热泵系统能够更轻松地提取并将热能转化为热水资源。

为了提高回风温度，可以采用以下措施。

① 优化系统设计，设计高效的回风换热器，确保最大限度地将回风中的热能传递给循环水；

② 改进喷淋技术，采用更高效的喷淋技术，确保回风中的热能能够快速转移至循环水中；

③ 优化蒸发器设计，以更有效地吸收高温回风中的热能。

(2) 热能含量

回风中含有较高热能意味着能够提供更多热量，这使得热泵系统能够更有效地将其转化为热水资源。高热能含量有助于提高系统的热交换效率，从而使系统能够满足更广泛范围的供暖和生活热水需求。

为了提高热能的利用率，可以对回风能量采集系统进行优化，采用更全面的方法，在矿井回风采集过程中，确保回风中的热能得到充分收集，最大程度地提取热能。

回风温度和热能含量在矿井回风源热泵技术的效果中具有关键作用。通过优化系统设计、改进技术和提高回风采集效率，可以最大限度地提高系统的能量回收效率和热交换效率。这将有助于提高能源利用效率、降低能源消耗，并为供暖和生活热水提供可持续的热水资源。

2. 循环水质量

循环水的质量情况直接影响系统的性能、效率和可靠性。不良的循环水质量可能导致一系列问题，对系统的正常运行和长期稳定性产生负面影响。

第一，水中的杂质、沉积物和水垢可能会附着在热交换器的表面，形成隔热层，不仅影响热传导，还可能引起流体流动的阻力，从而影响热能的传递和循环，从而导致热交换效率降低，这将直接影响热泵系统的性能，使其能源利用效率降低。第二，循环水中的腐蚀性物质可能导致热交换器和管道的腐蚀，进而产生腐蚀产物；腐蚀会使金属表面受损，导致设备的使用寿命减少，同时也可能使腐蚀产物进入系统中，进一步污染水质，对设备和水质造成进一步的损害。第三，循环水中的颗粒物、沉积物和杂质可能会堵塞管道和热交换器，影响水的正常流动和热能传递。这将导致系统内部压力升高，水流受限，甚至可能引发设备的故障。堵塞问题不仅影响热能的传递，还可能对系统的稳定性和可靠性产生重大威胁。第四，循环水中的微生物、藻类等可能导致水质恶化，引发异味和色变。微生物的生长和繁殖可能导致水质变质，产生不良气味和外观，从而影响水的品质和使用安全。恶化的水质不仅对系统的性能产生负面影响，还可能对人体健康构成潜在风险。

循环水质量在回风源热泵系统中具有多方面的影响，需要通过采取一系列具体措施来减轻这些影响，提高系统的效率和可靠性。以下是针对循环水质量影响的具体措施：

首先，针对硬水和水垢问题，可以进行水质测试和监测，定期了解水的硬度和成分情况，从而判断是否存在水垢问题。对于较硬的水质，可以考虑采用水软化设备来减少水垢的形成，并使用适当的防垢剂来维护热交换器的效率。其次，对于腐蚀和腐蚀产物问题，可以使用缓蚀剂来保护管道和设备免受腐蚀，维持系统的稳定性。定期清洗系统内的管道和设备，去除已经形成的腐蚀产物，以防止腐蚀的进一步发展。再次，针对沉积物和颗粒问题，应安装适当的过滤设备来捕捉水中的颗粒和沉积物，防止其进入热交换器和管道内。同时，建立定期的清洗计划，对热交换器和管道进行清洗，以防止沉积物的积聚。在控制系统参数方面，应控制循环水的流速，避免过高的流速导致水质搅拌不均，加剧腐蚀和颗粒物的悬浮。然后，在应对微生物生长问题时，可在循环水系统中加装紫外线消毒设备，以有效杀灭微生物，防止细菌和藻类的生长。定期清洗和消毒系统，可以有效地防止微生物的积聚和繁殖。同时，确保水的 pH 值和碱度处于适当的范围，维持水的平衡状态。定期的检查和维护也是关键的措施之一，建立定期的系统检查和维护计划，能够及时地发现和解决水质问题。根据实际情况，定期对系统进行清洗，以防止水质问题的积累。最后，水质监测和记录也是至关重要的，记录循环水的水质数据，建立数据库，以方便对系统的水质状态进行分析和判断。在此基础上，安装水质监测设备，并设置报警系统，以便在水质出现异常时能够及时采取必要的措施。

通过这些具体措施，可以有效降低循环水质量对回风源热泵系统的影响，保持系统的正常运行和高效性能。在具体实施过程中，需要根据实际情况进行针对性地选择和调整，以确保系统的可靠性和稳定性。

3. 热交换器性能

热交换器是回风源热泵系统不可或缺的关键组成部分，其性能直接影响着系统的效率、能源利用率以及供暖能力。以下是热交换器性能对回风源热泵系统的具体影响。

热能传递效率是热交换器性能的核心体现，决定了热能从回风转移到制冷剂的传递效率，高效的热交换器能够更有效地实现热量的传递，从而显著提高系统的热能利用效率。热交换器性能直接影响着整个系统的总体效率。若热交换器传递热能的效率较低，系统将需要更多的能源才能达到相同的供暖效果，从而导致能源的浪费和不必要的成本增加。糟糕的热交换器性能可能导致制冷剂在换热过程中的温差损失增加，进而降低系统的效率。从环保的角度来看，低效的热交换器可能需要更多的能源来维持运行，进而产生更多的碳排放和环境污染，对环境造成不良影响。热交换器性能还直接关系到系统的稳定性和可靠性。如果热交换器容易受到污染或腐蚀，可能导致设备故障和停机，对系统的稳定运行产生负面影响。

热交换器在回风源热泵系统中扮演着至关重要的角色，其性能直接影响系统的效率、能源利用率以及供暖能力。为了实现系统效率和能源利用的最优化，有必要采取一系列具体措施来应对热交换器性能问题。

首先，在提高热交换效率方面，首要考虑那些具备先进设计和高传热效率的热交换器，如板式换热器和壳管换热器等。并且，在热交换器的设计中，适度增大换热面积有助于提高热能传递效率。其次，在减少温差损失方面，优化流体流动是关键措施之一。再次，通过合理设计流道，降低流体在热交换器内的温差，从而减少换热过程中的温度损失，合理控制制冷剂的进出温度差，是减少温差损失的重要方法。最后，防止腐蚀和污染，加强水质管理，定期监测循环水的质量，保持水质在适宜范围内，并使用缓蚀剂来预防热交换器的腐蚀。

在保持换热器清洁方面，安装适当的过滤装置可有效防止颗粒物和杂质进入热交换器，从而影响换热效率。在选择适当的制冷剂方面，确保其与热交换器设计相匹配，以确保高效的热能传递。对于液体制冷剂，使用气体分离器来防止气体进入热交换器，减少气液两相的影响。在控制系统参数方面，优化循环水的流速，使之适中，既能够保障充分的传热效果，又可减小水流带来的压力损失。合理控制制冷剂的进出温度，避免过大的温度差，能够降低温差损失。

通过采取上述具体措施，能够最大限度地优化热交换器的性能，提高回风源热泵系统的效率和可靠性，减少能源浪费，并延长系统的使用寿命。

4. 制冷剂

制冷剂在热泵系统中扮演着重要的角色，其性质和选择直接影响系统的效率、性能和环境影响。以下是制冷剂对回风源热泵的具体影响。

第一，制冷剂的热传导性质对热泵系统中的热交换器效率产生显著影响，传热性能良好的制冷剂能够更迅速地吸收和释放热量，从而提高系统的热能传递效率。第二，制冷剂的温度范围是重要考量因素，不同的制冷剂具有各自独特的蒸发温度和冷凝温度范围。选择适合系统需求的制冷剂，使其工作温度范围与系统要求相匹配，有助于确保系统的稳定运行。第三，环保性是制冷剂选择中的另一个重要因素。一些传统制冷剂，如氟氯烃(CFCs)和氢氟氯烃(HCFCs)，已被证明对臭氧层破坏和全球变暖产生负面影响。选择低温室气体排放潜力的制冷剂，如氢氟烃(HFCs)的替代品，有助于减轻系统对环境的影响。第四，制冷剂的选择还会影响系统的能耗。一些制冷剂的蒸发和冷凝温度较低，可能需要更多能量才能实现相同的制冷效果，从而增加系统的运行成本。第五，不同制冷剂可能需要使用不同的材料和组件来适应其工作特性，因此在选择制冷剂时还需要考虑系统的设计和构建成本。

制冷剂的正确选择不仅可以优化系统性能，还可以减少对环境的不良影响，从而实现系统的高效、可靠、长期稳定运行。

首先，高性能制冷剂选择时优先考虑那些具备出色传热性能的制冷剂，以提升热泵系统的换热效率。并且，挑选低温室气体排放潜力较低的制冷剂，如天然制冷剂(R290、R744)或低温室气体的替代品(R32、R1234yf)，能够显著减少系统对环境的负面影响。其次，合理控制制冷剂的循环速率，确保适宜的制冷剂流量，以避免能源浪费和系统的不稳定性。采用可调节的膨胀阀和压缩机，根据实际需要调整制冷剂循环参数，以达到最佳性能。定期维护和清洁制冷剂循环系统，检查制冷剂的充放气情况，维持适宜的制冷剂充放量，以确保系统正常运行。此外，紧密关注制冷剂技术的最新发展，探索更为高效、环保的制冷剂，不断提升系统性能。针对不同制冷剂的工作特性，探索新的制冷循环方案和材料。通过传感器监测制冷剂循环参数，收集数据并进行分析，能够及时发现问题并采取措施。借助数据分析，调整系统参数，优化制冷剂循环和热泵运行，进一步提升系统性能。

4.5.2 矿井排水水源热泵技术

4.5.2.1 热泵系统技术原理

矿井排水水源热泵系统的工作原理是利用矿井水作为系统的冷热源，经过热泵机组为矿区提供所需的冷热量。冬季从矿井排水中提取热量来满足矿区的供热需求，夏季是将室内的热量释放到矿井水中，以达到降低室内温度的目的。

如图 4-23 所示，制冷模式下，夏季机组吸收来自室内空气的热量。空气通过蒸发器时，其中的水蒸气会凝结成水滴，释放出潜热，同时空气温度下降，达到制冷效果。低压气态的制冷剂经压缩机压缩变成高压气态制冷剂，进入冷凝器与矿井水进行热交换，将热量传递给矿井水。制冷剂变成高压液态制冷剂，再经膨胀阀节流降压后进入蒸发器，再次与冷冻水进

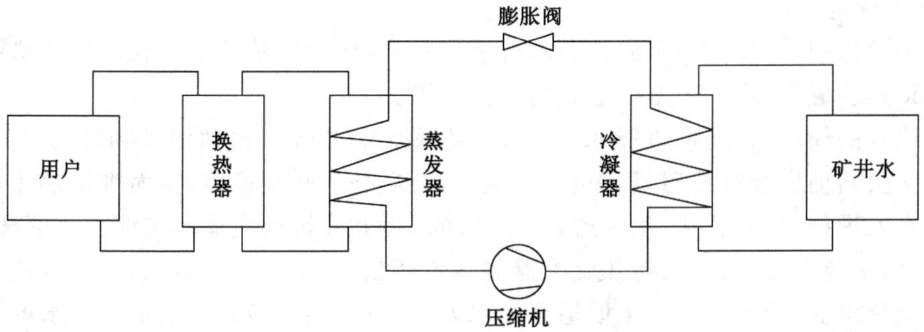

图 4-23　热泵系统夏季循环示意图

行换热，完成制冷循环。在冷凝器中吸收制冷剂热量后的矿井水经循环泵排出。

冬季向室内供热时如图 4-24 所示，通过阀门切换使蒸发器和冷凝器互换。矿井水在蒸发器内放热，制冷剂吸收热量后通过压缩机进入冷凝器，将热量传递给用户侧循环水，循环水吸热后再经循环泵进入用户，将热量释放到室内，这样完成供热循环。

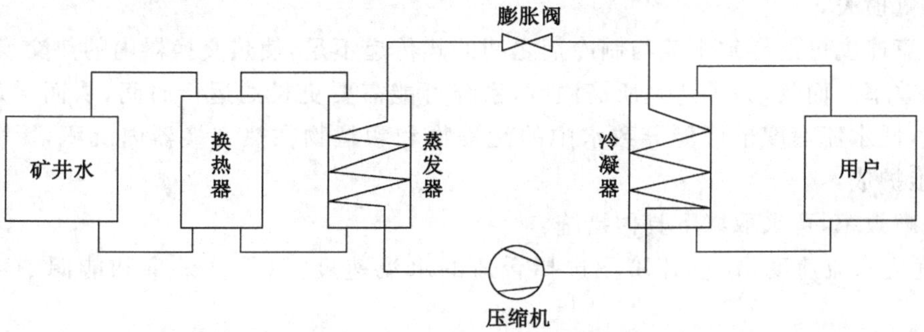

图 4-24　热泵系统冬季循环示意图

4.5.2.2　影响因素及提升措施

1. 水温和水质

水温和水质是对矿井水源热泵技术效率产生显著影响的两大因素。它们在直接影响热泵系统的换热效率、能源消耗以及系统可靠性等方面起着重要作用。以下是水温和水质对矿井水源热泵技术效率的具体影响及相应措施。

(1) 水温

较高的水温能够有效地增强系统的换热效率。高水温条件下，热交换器能更高效吸收热量，从而显著提升热泵性能。低水温可能导致热交换器的换热效率降低，需较长时间才能达到设定温度，从而影响整体系统效率。

(2) 水质

矿井排水中可能含有多种溶解物、杂质和气体，这些因素有可能引起热交换器内水垢、腐蚀和污染问题，从而降低换热效率。水垢会在热交换器内部形成，减少传热表面积，降低传热效率，腐蚀则可能损害热交换器，影响其性能。同时，水中可能存在微生物生长，形成生物膜或沉积物，阻碍热交换过程，进而影响效率。

2. 解决措施

在系统设计中,优先选择水温较高的排水位置,以增加换热效率。在矿井排水进入系统之前设置预热装置,将水温升至更适宜的工作范围。

采用适宜的循环水,定期进行水质检测,确保水中的溶解物和污染物保持在可控范围内。在热交换器前安装过滤器,以阻止颗粒物和杂质进入热交换器,从而维持换热效率。采用合适的水处理技术,如软化、反渗透等,以预防水垢和腐蚀的生成。定期进行清洗和维护,清除水垢、污染物和微生物,保持热交换器的高效换热。

通过优化水温、管理水质和采取适当的水处理措施,能够最大程度地减少水温和水质对矿井水源热泵技术效率的负面影响,提升系统的性能和可靠性。

3. 水流速度

水流速度是矿井排水水源热泵系统效率的重要影响因素之一,以下详细阐述了水流速度对系统效率的影响。

高水流速度能够促进热交换器内水流与制冷剂之间的热传递,从而提升换热效率,使热泵系统更快地达到所需温度。高水流速度有助于降低热交换器内部的温度差,减小水流过程中的热量损失。

低水流速度可能导致水流与制冷剂之间的热传递不足,使热交换器内的热交换不充分,从而降低效率。而且,为了达到所需温度,系统可能需要更长的运行时间,从而增加能源消耗。同时,低水流速度也可能导致水中的污染物和颗粒物在热交换器内沉积,影响换热效果,增加维护成本。

为提高效率,可采取以下具体措施:

① 优化水流速度,在设计阶段选择合适的水流速度,以平衡效率和能源消耗之间的关系。

② 采用可调节的泵来控制水流速度,以适应不同工况的需求。定期清洗和维护热交换器,保持其内部通畅,确保水流畅顺,从而提升热交换效率。

引入智能控制系统,根据实际需要调整水流速度,以平衡效率和能源消耗。在不同工况下采用不同的水流速度,以优化系统性能。

综合考虑水流速度对矿井水源热泵技术效率的影响,并采取相应的措施,可以实现最佳的热交换效率,提高热泵系统的性能和可靠性。

4. 热泵系统循环参数

热泵系统循环参数是影响矿井排水水源热泵系统效率的另一个关键因素。

(1) 压缩机频率是影响热泵系统效率的一个重要参数。较高的压缩机频率可以提升制冷剂的压缩效率,使其在蒸发和冷凝过程中更有效地运作,从而增强热泵的效率;同时,高频率意味着需要投入更多能量以维持压缩机运转,因此可能会带来更大的能源消耗。

(2) 膨胀阀的调整也直接影响着热泵系统的效率。膨胀阀的不同调整会影响制冷剂的流量和压力,进而影响制冷剂在蒸发器和冷凝器之间的状态变化。不同的膨胀阀开度可能导致不同的制冷循环效果,因此在实际应用中需要根据实际需求进行恰当的调整。

采取必要的技术措施,可以进一步提升热泵系统的效率。针对不同环境条件,如环境温度和水源温度,调整压缩机频率,以维持高效工作状态;针对不同工况,根据实际需求调整膨胀阀的开度,以实现更优的制冷效果。定期监测制冷剂的工作状态和系统性能,并根据监测结果进行相应的调整，以保持系统的高效运行。通过深入分析实际运行数据，优化热泵循环参数，进一步提升系统效率。在此基础上，考虑采用变频压缩机，使其能够根据实际负荷调整频率，从而降低能耗；引入智能控制系统，根据实际需求自动调整压缩机频率和膨胀阀开度，以实现最佳效率。这些措施将综合应用智能控制和定期调整，为矿井水源热泵技术带来更高的效率，实现更为出色的能源利用和环保效益。

4.5.3　空压机余热耦合热泵技术

4.5.3.1　热泵技术原理

低温热量回收是余热回收系统中的技术难点之一，特别是有效回收压缩气体中的热量成为提高空压机余热回收装置整体效率的关键。图 4-25 中展示了余热回收与热泵联用系统的流程图，该系统由油水热交换系统、压缩空气热交换系统、热泵联用系统、余热利用系统以及水箱联动系统组成。

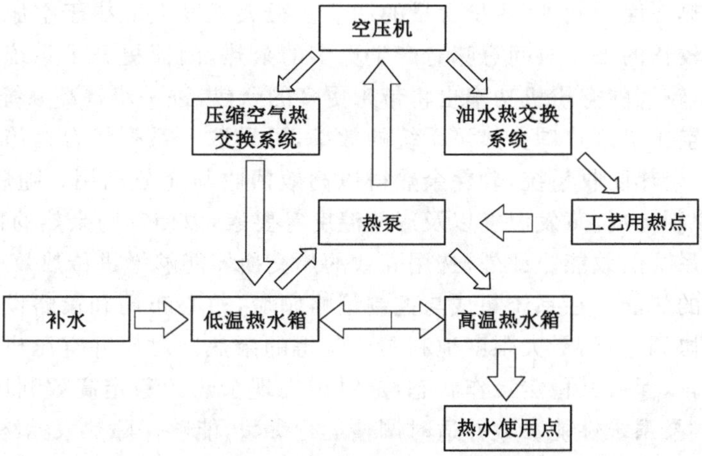

图 4-25　余热回收与热泵联用系统流程图

在该系统中，油水热交换系统、工艺用热点预热器、热泵联用系统的冷凝端和高温水箱依次连接，形成空压余热利用热水管路。通过水泵将低温水箱与压缩空气热交换系统和热泵联用系统的蒸发端相连接，形成余热回收系统的水循环回路。压缩空气热交换系统与低温水箱、热泵联用系统的蒸发端和油水热交换系统相连接，形成冷却水供水管路。

油水热交换系统将空压机中的高温油路与油水换热器的热源进出口相连接，形成循环管路。通过将热水从油水换热器引入水源热泵的蒸发端出口，冷却空压机油温。热水经泵送至工艺用热点预热器，然后进入水源热泵的冷凝端进口，再次升温后存入高温水箱，通过管路供给厂区的各个热水需求点。

压缩空气热交换系统将空压机产生的高温压缩空气与液气换热器热源端相连接，经换热后的水作为水源热泵的热源存入低温水箱。热泵联用系统将低温水箱作为热泵热源与水源热泵的蒸发端相连接，同时将水源热泵的蒸发端出口分送至油水换热器和气液换热器，冷却吸收热量。经过油水换热器吸热升温的高温热水被送至工艺用热点预热器，然后进入水源热泵的冷凝端进行二次升温，最终送入高温水箱中。系统结合控制系统实现高低温水箱温度与水量的动态平衡。

控制系统由低温水箱温度和液位传感器、高温水箱温度和液位传感器的反馈信号组成，由 PLC 控制器控制。根据传感器信息，控制联通水泵和补水阀门的开启和关闭。同时，通过监测热泵运行状态，控制两个空气冷却器的开关状态，以确保空压系统的安全运行。这一综合系统设计可以有效实现对余热的回收利用，提高空压机系统的能源利用效率和稳定运行。

4.5.3.2 影响因素及提高措施

1. 余热温度和热量含量

余热温度和热量含量被视为影响矿井空压机余热耦合热泵系统效率的重要因素。在此背景下，余热温度的形成受矿井空压机工作温度和矿井环境温度的双重调控。矿井空压机工作温度的升高将带来余热温度的相应升高，从而有效提升耦合热泵系统的工作效率。同时，矿井环境温度对于矿井空压机的冷却效能产生直接影响，较低的环境温度能够有助于维持更高水平的余热温度。此外，热量含量的调节在很大程度上取决于空压机工作时间以及空压机的功率。较长的工作时间意味着产生更多的余热，因而提升了系统的供热能力和整体效率。相应地，较大的空压机功率也将带来更多的余热，进一步提高系统效率。

为提升矿井空压机余热耦合热泵系统的效率，可采取一系列综合措施。首先在设计阶段，要着眼于优化余热回收系统，确保余热得以高效回收与充分利用。随后，合理选定热泵的工作参数，包含制冷剂、蒸发温度以及冷凝温度等要素，以使其与余热的特性相互契合，从而显著提升热泵系统的效能。此外，选用高效的热交换器能够增进传热效率，使得热泵能够充分吸收余热中的热能。在系统集成与控制策略领域，精心布局和策略设计将确保矿井空压机与热泵系统协调运行，最大限度地利用可获得的余热。对矿井空压机和热泵系统定期进行维护和检测，以保持其稳定工作状态，这对于实现余热的稳定高效利用显得至关重要。同时，通过监测热泵系统性能参数并适时调整运行参数，能够保障热泵始终处于最佳工作状态。值得考虑的是采用更为高效的热泵技术，诸如变频技术和高效制冷剂，以进一步提升整体系统的能效。在综合权衡上述因素并采取相应措施后，矿井空压机余热耦合热泵系统的效率将得到极大提升，从而实现可观的能源节约和环保目标。

2. 井下环境条件

环境条件在影响矿井空压机余热耦合热泵系统效率方面具有重要的作用。在这一背景下，一些关键的影响因素彰显了其显著性。首先是环境温度，其变化直接影响着余热的散失情况。高环境温度可能加剧余热的散失，导致余热温度下降，从而影响热泵的供热能力。其次为环境湿度，这在热泵系统中具有重要地位。高湿度环境可能导致热交换器表面产生结露，阻碍传热过程，从而降低整个系统的效率。最后是空气污染，特别是矿井环境中的空气污染。矿井中可能存在颗粒物、尘埃等污染物，这些物质有可能附着在热交换器表面，干扰传热过程，影响热能传递效率。这些影响因素的相互作用将共同影响矿井空压机余热耦合热泵系统的性能。因此，在设计和运行过程中，综合考虑环境因素是系统达到最佳效率的必要条件。

为了优化矿井空压机余热耦合热泵系统的运行效率和稳定性，需要采取以下提升措施。首先，需要选择具有耐腐蚀性的热交换器材料，并设计合适的防污结构，以防止污染物对热交换器的不利影响。针对不同环境变化，有必要调整热泵的制冷循环参数。热泵制冷循环参数的调整,需根据环境温湿度的波动进行精确地调整,以确保系统在不同环境条件下能正常运行。另外,可基于智能控制系统策略,根据环境温湿度的实时变化,及时调整热泵的运行参数。定期的维护和清洁措施对于保持系统正常运行至关重要,特别是对热交换器的定期清洁和维护,以防止污染物积累影响传热效率。为了减少外部环境对系统的干扰,必须精心设计适当的系统隔离和保护措施,以确保系统的持续运行。最后,为了能够实时感知环境条件的变化并及时调整系统的运行参数,可通过安装环境温湿度传感器对环境进行细致的监测。通过综合考虑这些环境条件的影响因素,并采取相应的综合提升措施,能够有效地优化矿井空压机余热耦合热泵系统的运行,提升系统的效率和稳定性,从而实现能源节约和环保目标。

3. 能量回收方式

在矿井空压机余热耦合热泵系统中,能量回收方式对其效率的影响有以下几方面:首先,各种不同的余热回收方式,如直接热交换、间接热交换以及热管等,对于矿井空压机余热的传递效率和热损失产生显著影响。合适的余热回收方式能够显著提升系统的热能回收效率,从而有效地提高系统整体效率。其次,能量回收设备的传热效率对于余热传递效果具有直接的影响。通过优化传热设备的设计和材料选择,能够有效地提高能量回收的效率,从而最大限度地捕捉余热。同时,能量回收过程中存在能量的转化损失,包括传热介质的传递损失以及热量的损失等。因此,减少能量转化损失成为提高能量回收效率的关键,需要通过精心的工程设计和优化操作来实现。这些因素的相互作用,能够深刻影响能量回收方式在矿井空压机余热耦合热泵系统中的效率表现。因此,强调对这些因素的综合优化,有望显著提升系统性能,实现能源利用的最大化和环保目标。

为了优化矿井空压机余热耦合热泵系统的能量回收效率,可采取以下措施:首先,应根据矿井空压机产生的余热特性以及热泵系统的需求,选择最适合的余热回收方式,以实现能量回收效率的最大化。其次,优化热交换设备的设计。通过增加传热面积、改良传热介质等方式,能够显著提升余热传递效率和热能回收效果。同时,优化传热介质的流动方式和控制传热介质的温度变化幅度,能够有效减少能量转化损失。需定期的维护和清洁对于保持能量回收设备的传热表面清洁,以确保传热效率的稳定性。引入智能控制策略,根据实时的余热状况和热泵需求,调整能量回收过程中的工作参数,有助于实现最佳的能量回收效率。此外,还需探索新兴的热回收技术如热管、热泵耦合等,以进一步提高能量回收效率和系统整体效能。在综合考虑上述影响因素并采取相应提升措施的基础上,能够有效提高矿井空压机余热耦合热泵系统的能量回收效率,实现更高水平的能源利用效率和环保效益。

4.6　热泵系统两器设计

4.6.1　蒸发器

蒸发器的设计涉及多个方面,包括传热、流体力学、材料、工艺等,以确保成品设备可以高效、可靠地完成蒸发过程。

4.6.1.1　设计原则

在蒸发器设计中,需要综合考虑以下方面:

(1) 应将热传递效率置于优先位置，在传热面积足够的前提下，使传热系数保持较高水平，以实现预定的蒸发效果。

(2) 选择适当的传热面积，使传热量、传热系数和温度差之间取得平衡。既要满足蒸发需求，又要避免过大的传热面积带来的复杂性和成本问题。

(3) 优化流体流动。通过流体力学分析和优化设计，确保蒸发器内流体的均匀且高效流动，从而提高传热效率。

(4) 选择合适的材料，须适应液体和蒸汽特性以及蒸发器的工作条件，具备耐腐蚀性、耐高温性、耐久性和卓越的传热性能，以保证蒸发器的长期稳定运行。

(5) 进行能量平衡和热力学分析，这有助于确保蒸发过程中的能量平衡，以避免能量的浪费和损失。

(6) 设计中还需考虑操作和维护的便捷性，以确保蒸发器易于清洁、维护和检修。

(7) 安全性方面，设计须符合安全标准，防止液体泄漏、蒸汽泄漏等危险情况，如有必要，还应考虑安全阀、温度传感器等安全设施。

(8) 环保性能方面，设计应尽可能减少对环境的不良影响，包括废气排放和液体排放等。

(9) 在满足性能需求的前提下，还需考虑设计的经济性，包括制造成本和能耗等。

蒸发器设计需要综合考虑上述各方面的因素，并根据具体应用的特点进行调整和权衡。在设计过程中，可能需要进行多次的计算、模拟和实验，以确保设计的合理性。

4.6.1.2 设计计算

1. 蒸发器设计步骤

蒸发器的种类是多样的，不同的蒸发器类型的设计方法也是多样的，下面以干式壳管蒸发器为例说明蒸发器的设计步骤。

(1) 根据给定条件，计算出冷冻水的体积流量。

(2) 估计换热器的传热系数 $K_{估}$。采用一般的铜光管时，换热器的传热系数为 523～580 W/(m^2·℃)，采用强化管传热系数会有提高，提高幅度根据水速和制冷剂的质量流速，即水侧的传热系数和制冷剂侧的换热系数而定。

(3) 估算传热面积。初步规划的换热面积要考虑过热度对传热系数的影响，因此规划的换热面积要比校核计算的换热面积高 15%～30%，根据过热度的大小，选择合适的范围；管板及折流板占据了换热面积，不参与换热，因此初步规划的换热面积要再提高 5%左右。

(4) 单管程热交换器的管程流通截面积。为了保证润滑油回到压缩机，换热管的出口制冷剂流速大于 4 m/s，此时制冷剂的质量流速 v_m 一般为 100 kg/(m·s)左右，质量流速越大，制冷剂侧和整体的换热系数越高。

(5) 计算单程的管数。

(6) 根据所估的换热面积，并确定每根管子的长度。

(7) 确定合适的管程数 N 及换热管长度 l，换热管长度与壳体直径之比通常为 6～10 倍。

(8) 确定总的管子数。

2. 设计用计算公式

在干式壳管蒸发器的设计之前，假设制热量 Q_0 和制冷剂的质量流量 q_m 为已知条件。

（1）有效传热面积

$$F'_0=\pi d_0 Z_t(l-2\delta_B-N_b\delta_b) \tag{4-9}$$

式中　d_0——管子直径，m；

Z_t——总的管子数；

l——管长，m；

δ_B——管板的厚度，m；

δ_b——折流板的厚度，m；

N_b——折流板数。

（2）管外换热系数计算

① 折流板的平均间距：

$$s=\frac{2s_1+(N_b-1)s_2}{N_b+1} \tag{4-10}$$

式中　s_1、s_2——折流板间距，m。

② 横向流通截面积：

$$A_c=(D_i-n_c d_0)s \tag{4-11}$$

式中　D_i——壳体内径，m；

n_c——壳体直径附近管子数。

③ 横向流速：

$$u_c=\frac{qv_s}{A_c} \tag{4-12}$$

④ 折流板上、下缺口面积：

$$A_{b1}=K_{b1}D_i^2-n_{b1}\frac{1}{4}\pi d_0^2 \tag{4-13}$$

$$A_{b2}=K_{b2}D_i^2-n_{b2}\frac{1}{4}\pi d_0^2 \tag{4-14}$$

式中　n_{b1}——上缺口管子数；

n_{b2}——下缺口管子数；

K_{b1}——折流板缺口面积的折合系数。

计算时 K_b 值取自表 4-1。

表 4-1　K_b 的数值

H/D_i	0.15	0.20	0.25	0.30	0.35	0.40	0.45
K_b	0.073 9	0.112	0.154	0.198	0.245	0.293	0.343

⑤ 上下缺口面积的平均值：

$$A_b=\frac{1}{2}(A_{b1}+A_{b2}) \tag{4-15}$$

⑥ 纵向流速：

$$u_b=\frac{qv_s}{A_b} \tag{4-16}$$

⑦ u_c 与 u_b 的几何平均值：

$$u = \sqrt{u_c u_b} \tag{4-17}$$

⑧ 管外换热系数：

$$\alpha_o = 0.22 \frac{\lambda}{d_0} Re_f^n Pr_f^m \tag{4-18}$$

$$Re_f = \frac{ud_0}{v} \tag{4-19}$$

式中 Re_f——雷诺数；

Pr_f^m——普朗特数；

v——瞬时速度，m/s。

(3) 管内换热系数

假设蒸发器按内表面计算的热流密度 $q_i > 4\ 000\ W/m^2$，则管内换热系数为：

$$\alpha_i = 57.8c \frac{q_i^{0.6} v_m^{0.2}}{d_i^{0.2}} \tag{4-20}$$

式中 d_i——管子内径，m；

c——修正系数，与蒸发温度有关；

v_m——平均速度，m/s；

q_i——热流量，W/m^2。

(4) 制冷剂流动阻力及传热温差的计算

① 制冷剂的流动阻力计算

制冷剂饱和蒸气的流速：

$$u'' = \frac{4q_m}{\rho'' Z_m \pi d_i^2} \tag{4-21}$$

式中 Z_m——总的管子数；

ρ''——制冷剂的密度，kg/m^3；

q_m——质量流量，kg/s。

假设蒸发器出口处蒸发温度为 2 ℃，则

$$Re'' = \frac{u'' d_i}{v''} \tag{4-22}$$

式中 v''——当量速度，m/s。

沿程阻力系数：

$$\varepsilon = \frac{0.316\ 4}{(Re'')^{0.25}} \tag{4-23}$$

饱和蒸气的沿程阻力：

$$\Delta P''_1 = \left(\varepsilon N \frac{1}{d_i} \times \frac{1}{2} \rho'' u''^2\right) \times 10^{-6} \tag{4-24}$$

式中 ε——沿程阻力系数。

② 两相流动时制冷剂的沿程阻力：

$$\Delta P_1 = \psi_R \Delta P''_1 \tag{4-25}$$

式中 ψ_R——修正系数，为两相流动时，制冷剂阻力的换热系数与质量流速的关系。

③ 总阻力：

$$\Delta P = 5\Delta P''_1 \tag{4-26}$$

④ 对数平均温差：

$$\Delta t_m = \frac{(t'_1 - t_{01}) - (t''_1 - t_{02})}{\ln \frac{(t'_1 - t_{01})}{(t''_1 - t_{02})}} \tag{4-27}$$

式中　t'_1——冷冻水出口温度,℃；

t''_1——冷冻水进口温度,℃；

t_{01}——蒸发器制冷剂进口温度,℃；

t_{02}——蒸发器制冷剂出口温度,℃。

(5) 传热系数 K_0 及按内表面计算的热流密度 q_i

① 传热系数

管内侧污垢系数 $\gamma_i = 0$,管外侧的污垢系数 $\gamma_o = 8\times10^{-5}$ $m^2 \cdot$℃/W,则：

$$K_0 = \frac{1}{\left(\frac{1}{\alpha_i} + \gamma_i\right)\frac{d_0}{d_i} + \frac{\delta}{\lambda}\left(\frac{d_0}{d_m}\right) + \left(\frac{1}{\alpha_o} + \gamma_o\right)} \tag{4-28}$$

式中　λ——管壁材料热导率,W/(m・K)；

δ——管壁壁厚,mm；

α_i——传热管外放热系数,W/(m^2・K)。

② 按内表面计算的热流密度：

$$q_i = \frac{d_0}{d_i}(K_0 \Delta t_m) \tag{4-29}$$

式中　K_0——传热系数,W/(m^2・K)。

迭代求得 q_i(q_i 需大于 4 000 W/m^2)。

③ 传热系数 K_0 的数值：

$$K_0 = \frac{q_i\left(\frac{d_i}{d_0}\right)}{\Delta t_m} \tag{4-30}$$

④ 所需的传热面积：

$$F_0 = \frac{Q_0}{K_0 \Delta t_m} \tag{4-31}$$

式中　Q_0——传热量,J。

此值需比初步规划的有效传热面积小,以保证初步规划中所定的尺寸有足够的余量。

4.6.2　冷凝器

4.6.2.1　设计原则

冷凝器的设计涉及多个因素,旨在确保冷凝器能够有效地将热量从工作流体传递到冷却介质。以下为一些典型的冷凝器设计原则。

(1) 冷凝器的首要目标在于高效传递热量,确保传热系数满足所需的冷凝热负荷。估算传热系数,或可借助经验公式、实验数据或数值模拟等途径,充分考虑流体特性及传热表面几何形态。

(2) 计算传热面积时则须兼顾冷凝热负荷及传热系数,因其大小将直接影响整体尺寸与效能。

(3) 传热方式的选定则应考虑工作流体及冷却介质的特性,选择合适的传热方式。

(4) 选取材料时亦应注意工作流体与冷却介质的性质,确保所选材质具备足够的耐腐蚀性与热导率。壳体与管束的设计则需确保具备足够的结构强度,以应对内外部的压力负荷。

(5) 应保障工作流体与冷却介质在冷凝器内部稳定流动,避免产生过大的压降与流体积聚现象。

(6) 设计时应注重设备易于清洁与维护,以便应对冷却介质中存在的污染物。

(7) 设计过程中考虑环境条件,以确保冷凝器能够在多种不同条件下正常运行。

(8) 针对节能性能的优化,可通过优化流体流动路径或增加传热表面等方式来提高冷凝器的能效。

(9) 为确保冷凝器的设计安全,须避免热应力、压力问题,以及其他潜在危险。

综合成本与性能,制定最终设计方案,以确保满足预算需求。不同类型的冷凝器可能有不同的设计原则,还会受到应用领域和工况的影响。最好在进行实际设计时,借助专业工程师的指导,确保冷凝器能够满足要求并具备良好的性能和可靠性。

冷凝器的结构选型,与一般换热器类似,需要初步确定结构、型号,再根据选定的结构进行热力设计、流动设计以及强度设计;在初选型的基础上对冷凝器进行传热和压降的校核计算,如果经计算传热系数和压降不符合设计要求,则重新调整结构参数,再次选型,并按照新的结构参数计算传热系数和压降,直到满足设计要求为止。

4.6.2.2 设计计算

1. 冷凝器初选型

(1) 计算热负荷

首先根据给定的介质流量、进出口温度、操作压力、物性参数等,通过下述热平衡方程,计算出未知的温度或流量。

$$Q_h = m_h(H_{h,i} - H_{h,o}) \tag{4-32}$$

$$Q_c = m_c c_{p,c}(t_{c,o} - t_{c,i}) \tag{4-33}$$

$$Q_h = Q_c \tag{4-34}$$

式中 Q_h——热流体放出的热量,W;

Q_c——冷流体吸收的热量,W;

m_h——热流体的质量流量,kg/s;

m_c——冷流体的质量流量,kg/s;

$H_{h,i}$——热流体进口温度对应的焓值,J/kg;

$H_{h,o}$——热流体出口温度对应的焓值,J/kg;

$t_{c,o}$——冷流体出口温度,℃;

$t_{c,i}$——冷流体进口温度,℃;

$c_{p,c}$——冷流体定性温度下的比定压热容,J/(kg·K);

取热流体的换热量 Q_h 作为设计换热量，即热负荷 Q。

在计算过程中，需要根据定性温度确定物性。根据相关文献，采用以下公式计算定性温度。

$$t_D = 0.4t_h + 0.6t_c \tag{4-35}$$

(2) 对数平均温差

在计算传热系数或换热面积时，一般采用对数平均温差。

$$\Delta T = \frac{\Delta T' - \Delta T''}{\ln\left(\frac{\Delta T'}{\Delta T''}\right)} \tag{4-36}$$

式中　$\Delta T'$——最大进口温差，K；

$\Delta T''$——最大出口温差，K。

(3) 冷凝器初选型

根据换热流体的类型以及工程实际经验估算换热器的传热系数 K_e，用基本传热方程计算换热面积 A_e：

$$A_e = \frac{Q}{\Delta T_m K_e} \tag{4-37}$$

式中　A_e——换热器的估算换热面积，m^2；

ΔT_m——有效平均温差，℃；

K_e——换热器的估算换热系数，W/(m^2・℃)。

根据国标及机械行业相关标准选取具有一定面积富裕度的换热器型号，并布管，确定换热器结构参数，包括：换热管管径、壁厚、长度、管间距、排列角度、总管数、中心排管数、管程数、壳体内径、材料、换热器的实际换热面积、换热流体流动形式等。

(4) 计算所需的传热系数

根据实际选型选取的换热面积，计算所需要的传热系数。

$$K_n = \frac{Q}{\Delta T_m A_r} \tag{4-38}$$

式中　K_n——根据实际换热面积计算的换热系数，W/m^2・℃；

A_r——换热总面积，m^2。

2. 冷凝器分段计算

冷凝器的热交换过程中伴随着传质，且冷凝过程气相分率一直发生变化，使得冷凝器内流体的物性也一直变化。如果采用一个定性温度下的物性来计算整个冷凝器的传热和压降，必然跟实际情况相差很大。所以，为了准确计算传热系数和压力降，对冷凝器采用分段计算。其中，每段都按照该段的物性来设计计算。根据冷凝器自身的结构特点，大体上按照折流板和管程数来分段。如果冷凝过程中存在过热段和过冷段，则分别将这两段按照显热单独计算。在其余冷凝段的传热计算中，取每一小段内气相分率的平均值作为该段气相分率值，计算时采用该气相分率对应的物性参数。计算每一段的流型参数和液相体积分率，根据流型图来判断该段的流型并选择对应的计算关联式。在计算时，先计算每一段的冷液膜传热系数，如果是混合物冷凝，还要计算气相传热系数。按照热阻分配法计算出每一小段的综合冷凝膜传热系数，结合管内外表面传热系数和管壁热阻计算出每一段的总传热系数，然后计算每一小段的有效平均温差，并根据传热方程式计算出每一小段的传热面积。

在计算之前，首先要确定对应各个冷凝温度点的冷却介质的温度，然后计算对数温差。其中，冷凝侧按照折流板数目分 N 段（除去过热段和过冷段），相应有 $N+1$ 个温度点，对应的冷却介质一侧也相应地分为 N 段，$N+1$ 个温度点。根据冷凝曲线图，冷凝介质的温度点如果给定，每个温度点下的焓值可以查出，因此可以计算出每一段的热负荷，再根据热平衡方程算出冷却介质对应各点的温度。

如图 4-26 所示，先计算对应冷凝介质露点和泡点温度的冷却介质温度 t_s、t_b。

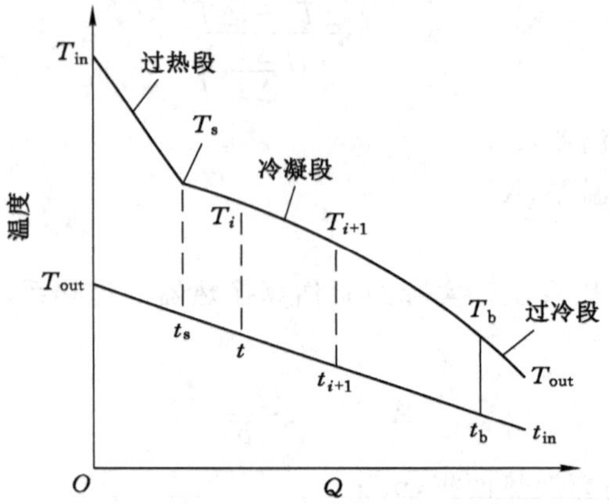

图 4-26 冷凝过程温度分布曲线图

由下式计算得到对应冷凝介质露点温度的冷却介质温度。

$$t_s = t_{out} - \frac{Q_{sh}}{m_c c_{p,c}} \tag{4-39}$$

式中 Q_{sh}——过热段热负荷，W；

t_s——冷凝介质露点温度对应的冷却介质温度，℃。

对应冷凝介质泡点温度的冷却介质温度，由下式计算。

$$t_b = t_{in} - \frac{Q_{sc}}{m_c c_{p,c}} \tag{4-40}$$

式中 t_b——冷凝介质泡点温度对应的冷却介质温度，℃；

Q_{sc}——过冷段热负荷，W。

然后，计算每一小段冷却介质对应的冷凝介质温度 t_{i+1}。

对于单管程逆流工况：

$$t_{i+1} = t_s - (t_s - t_b) \cdot \left(\sum_{j=1}^{i} Q_j\right)/Q_{com} \tag{4-41}$$

其中 $i=1,2,3,\cdots,N-1$；Q_{com} 为总冷凝热负荷，W。

对于二管程，当管内冷凝时，冷却介质在壳侧，每段的温度为：

$$t_{i+1} = t_s - (t_s - t_b) \cdot \left(\sum_{j=1}^{i} (Q_{1,j} + Q_{2,j})\right)/Q_{com} \tag{4-42}$$

当管外冷凝时，冷却介质在壳程，令一、二管程之间的回弯段温度为 $t_m=(t_s+t_b)/2$，一、二管程的温度计算如下：

$$t_{1,i+1} = t_s - (t_s - t_m) \cdot \left(\sum_{j=1}^{i} Q_j/2\right)/Q_{com} \tag{4-43}$$

$$t_{2,i+1} = t_{\mathrm{b}} - (t_{\mathrm{b}} - t_{\mathrm{m}}) \cdot \left(\sum_{j=1}^{i} Q_j / 2 \right) / Q_{\mathrm{com}} \tag{4-44}$$

计算每一小段的对数平均温差：

$$\Delta T_{\mathrm{m}} = \frac{(T_i - t_i) - (T_{i+1} - t_{i+1})}{\ln\left(\dfrac{T_i - t_i}{T_{i+1} - t_{i+1}}\right)} \tag{4-45}$$

如果在传热过程中存在过冷段或过热段，在计算时必须单独计算这两段，且在最终的计算中不能忽视。

(1) 当存在过热段时：

如果过热度不大，按湿壁状态考虑

$$\Delta T_{\mathrm{msh}} = \frac{(T_{\mathrm{s}} - t_{\mathrm{e}}) - (T_{\mathrm{s}} - t_{\mathrm{s}})}{\ln\left(\dfrac{T_{\mathrm{s}} - t_{\mathrm{e}}}{T_{\mathrm{s}} - t_{\mathrm{s}}}\right)} \tag{4-46}$$

否则

$$\Delta T_{\mathrm{msh}} = \frac{(T_{\mathrm{in}} - t_{\mathrm{e}}) - (T_{\mathrm{s}} - t_{\mathrm{s}})}{\ln\left(\dfrac{T_{\mathrm{in}} - t_{\mathrm{e}}}{T_{\mathrm{s}} - t_{\mathrm{s}}}\right)} \tag{4-47}$$

式中，ΔT_{msh} 为过热段温度对数平均差，℃；t_{e} 为过热段冷凝介质的出口温度，℃；t_{x} 为过冷段冷凝介质的进口温度，℃。

(2) 当存在过冷段时：

$$\Delta T_{\mathrm{msc}} = \frac{(T_{\mathrm{b}} - t_{\mathrm{b}}) - (T_{\mathrm{out}} - t_{\mathrm{x}})}{\ln\left(\dfrac{T_{\mathrm{b}} - t_{\mathrm{b}}}{T_{\mathrm{out}} - t_{\mathrm{x}}}\right)} \tag{4-48}$$

式中，ΔT_{msh} 为过冷段温度对数平均差，℃。

第5章　矿井排风热能利用工程案例

5.1　重力式热管换热器工程案例

5.1.1　工程概况

山西某矿风井场地供暖现状：设置四台燃煤热风炉，其型号为 ZRL-5.6/W，为井筒防冻提供热源，其中，矿井回风量 400 m^3/s，井筒防冻末端采用热风炉送热风方式。该燃煤锅炉在淘汰范围内，井筒防冻涉及生产安全，需要寻找可靠的热源来解决供热问题。而矿井生产过程中产生了大量的低品位废热，例如矿井回风、矿井排水等，本案例主要介绍通过回收矿井回风余热技术解决井筒防冻问题。

5.1.2　矿井回风余热计算

矿井回风冬季温度、湿度不受室外气温影响并且全年比较恒定，据调研该矿井回风量 400 m^3/s，冬季最冷月温度回风 16 ℃，相对湿度 90%，矿井回风可提取余热测算如下：

$$\begin{aligned} Q &= \rho v(h_2 - h_1) \\ &= 1.1\ \text{kg/m}^3 \times 400\ \text{m}^3/\text{s} \times (41.98 - 12.39)\ \text{kJ/kg} \\ &= 13\ 019.6\ \text{kW} \end{aligned} \tag{5-1}$$

式中　Q——可从回风中提取的热量，kW；

ρ——空气密度，取值 1.1 kg/m^3；

v——回风量，取值 400 m^3/s；

h_2——矿井回风温度 16 ℃、相应湿度 90%下空气的焓，取值 41.98 kJ/kg；

h_1——矿井回风 2 ℃、相应湿度 95%下空气的焓，取值 12.39 kJ/kg。

5.1.3　井筒防冻负荷计算

风井进风量 300 m^3/s，井筒防冻负荷设计时按照冬季极端最低温度－25.2 ℃进行设计。

井筒防冻负荷计算：

$$Q = K \times c_p \times \rho_h \times G \times (T_h - T_w)$$

$=1.19\times 1.007\ \text{kJ/(kg}\cdot{}^\circ\text{C)}\times 1.2\ \text{kg/m}^3\times 300\ \text{m}^3/\text{s}\times(2+25.2)\ {}^\circ\text{C}$

$=11\ 734.1\ \text{kW}$ (5-2)

式中 K——富裕系数，取值 1.19；

Q——井筒防冻耗热量，kW；

G——矿井进风量，取值 300 m^3/s；

ρ_h——新风空气密度，kg/m^3，取值 1.2 kg/m^3；

c_p——空气比定压热容，kJ/(kg・℃)，取值 1.007 kJ/(kg・℃)；

T_h——冷、热空气混合后的温度，℃，取值 2 ℃（规范规定不小于 2 ℃）；

T_w——冬季极端最低温度平均值，℃，取值－25.2 ℃。

5.1.4 重力式热管换热器设计计算

低温热管余热回收利用系统是通过矿井回风引风风道和矿井进风引风风道分别进入两层结构的换热室，在换热室的蒸发侧，热管工质吸收矿井回风的热能后，热管工质迅速蒸发汽化进入冷凝室，进入冷凝室的气态工质向矿井进风释放热量后又迅速冷凝成液态再返回蒸发室。该系统就是通过工质的蒸发吸热和冷凝放热过程，通过间壁换热的形式，实现矿井回风和进风的热量交换，从而达到为进风加热的目的。低温热管余热回收利用系统工艺原理如图 5-1 所示。

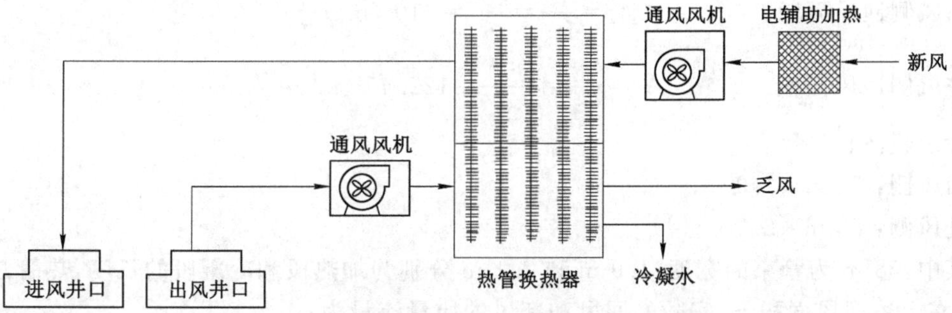

图 5-1 低温热管余热回收利用系统工艺原理图

根据初始数据设计的翅片参数见表 5-1。

表 5-1 翅片参数

名称	翅片厚度 δ /mm	翅片间距 Y /mm	翅片高度 H /mm	翅片管横向间距 S_T /mm	翅片总长 L /m	翅片外径 d_f /mm	光管外径 d_o /mm	光管壁厚 δ_f /mm	热管内径 d_i /mm	翅化比	翅片效率 η/%
冷凝段	0.5	3	12.5	56	2.1	50	22	1	20	16.48	92.2
蒸发段	0.5	4	14	65	1.9	50	22	1	20	12.61	93.85

(1) 已知条件

已知条件如下：T_{hin} 为回风入口温度，16 ℃；T_{cin} 为新风的进口温度，－25.2 ℃；T_{cout} 为新风的出口温度，2 ℃；M_1 为回风的质量流量，440 kg/s；M_2 为进风的质量流量，360 kg/s；Q

为热负荷，11 734.1 kW。

根据热平衡分析，井筒防冻冬季进风温度从-25.2 ℃上升至2 ℃，进风量为300 m^3/s，设计负荷为11 734.1 kW，矿井回风量为400 m^3/s，回风冬季最冷月温度为16 ℃，相对湿度为90%，根据能量守恒，计算回风末端焓值为15.31 kJ(/kg 干空气)，查焓湿图可得，回风释放余热后，可得到矿井回风出口温度从16 ℃降低至3.96 ℃。

(2) 基本选择

工质选择：热管的工作温度范围为-30～40 ℃，工质选用氟利昂比较适合。

管材选择：考虑矿井回风含有一定腐蚀性杂质，选用不锈钢铝翅片材质。

(3) 结构设计

① 迎风面断面质量流速

$$G_1=4\ \mathrm{kg/(m^2\cdot s)}$$

$$G_2=G_1\times\left(\frac{M_2}{M_1}\right)^{1.538}=4\times(360/440)^{1.538}=2.94\ [\mathrm{kg/(m^2\cdot s)}]$$

② 加热段和冷却段长度比

$$L_{经}=\frac{L_1}{L_2}=\left(\frac{M_1}{M_2}\right)^{-0.538}=(440/360)^{-0.538}=0.90$$

③ 确定迎风尺寸

回风侧迎风面积： $$A_1=\frac{M_1}{G_1}=\frac{440}{4}=110\ (\mathrm{m^2})$$

进风侧迎风面积： $$A_2=\frac{M_2}{G_2}=\frac{360}{2.94}=122.45\ (\mathrm{m^2})$$

考虑经济长度比：

回风侧：58 m×1.9 m；

进风侧：58 m×2.1 m。

其中，58 m为管束的宽度，1.9 m和2.1 m分别为加热段和冷凝段的长度，热管总长为4 m。在上述迎风面积下，实际的回风和新风的质量流量为：

$$G_1=M_1/A_1=440/(58\times1.9)=3.99\ \mathrm{kg/(m^2\cdot s)}$$

$$G_2=M_2/A_2=360/(58\times2.1)=2.96\ \mathrm{kg/(m^2\cdot s)}$$

气流最小截面上的流速大小直接决定着与管束间距的大小。最小截面处的流速在结构上不仅直接影响密封、积灰、磨损状况等，还对换热器噪声、振动、流动阻力、换热系数等产生较大影响。因此，管束的横向间距S_1通常按照经验公式(5-3)选取，其纵向间距S_2按照经验公式(5-4)选取。

$$S_1=(1.05\sim1.5)d_f=1.5\times50=75\ (\mathrm{mm}) \tag{5-3}$$

式中 d_f——翅片外径，mm。

$$S_2=\frac{\sqrt{3}}{2}S_1 \tag{5-4}$$

此处取横向管间距$S_1=75$ mm，则纵向管间距$S_2=56$ mm，进而可以求出迎风面上的热管数目B。

第一排管子根数$n_1=58\ 000\ \mathrm{mm}/75\ \mathrm{mm}\approx773$(根)

第一排管的传热面积(加热段光管外表面积)

$$A_{01}=\pi d_o L_1 n_1=3.14\times0.022\times1.9\times773=101.46\ (\mathrm{m}^2)$$

回风侧气流最窄流通面积计算：

$$\begin{aligned}\mathrm{NFA}_1 &=[(S_1-d_o)-2(H_1\delta n_{f1})]L_1 B\\ &=[(0.075-0.022)-2\times(0.014\times0.0005\times\frac{1000}{4})]\times1.9\times773\\ &=72.70\ (\mathrm{m}^2)\end{aligned}$$

新风侧气流最窄流通面积计算：

$$\begin{aligned}\mathrm{NFA}_2 &=[(S_1-d_o)-2(H_2\delta n_{f2})]L_2 B\\ &=[(0.075-0.022)-2\times(0.0125\times0.0005\times\frac{1000}{3})]\times2.1\times773\\ &=79.27\ (\mathrm{m}^2)\end{aligned}$$

式中　H_1——翅片高度，取值 14 mm；

δ——翅片厚度，取值 0.5 mm；

n_{f1}——每米热管长的翅片数目，取值$\frac{1000}{4}$片；

H_2——翅片高度，取值 12.5 mm；

n_{f2}——每米热管长的翅片数目，取值$\frac{1000}{3}$片。

根据几何特性，回风侧气流的最窄流通截面面积为入口迎风面积的 45%，新风侧气流的最窄流通截面面积为入口迎风面积的 37%，回风侧最窄流通面积处的质量流速为：

$$G_{1\max}=3.99/0.45=8.87\ [\mathrm{kg/(m^2\cdot s)}]$$

$$G_{2\max}=2.96/0.37=8\ [\mathrm{kg/(m^2\cdot s)}]$$

(4) 传热计算

① 中点温度下的物性值

回风中点温度：

$$T_1=1/2(T'_1+T''_1)=1/2(16+3.96)=9.98\ (℃)$$

进风中点温度：

$$T_2=1/2(T'_2+T''_2)=1/2(-25.2+2)=-11.6\ (℃)$$

中点温度下的物性参数值见表 5-2。

表 5-2　中点温度下的物性参数值

各物性参数	回风侧	进风侧
T'/℃	16	−25.2
T''/℃	3.96	2
T/℃	9.98	−11.6
ρ/(kg/m^3)	1.247	1.342
c_p/[kJ/(kg·K)]	1.005	1.007
λ/[W/(m·K)]	0.025 1	0.023 6
μ/[(N·S/m^2)]	17.6×10^{-6}	16.7×10^{-6}
Pr	0.705	0.712

回风侧的放热系数：

$$\alpha_1=0.137\ 8\left(\frac{\lambda_1}{d_o}\right)\left(\frac{d_o G_{1\max}}{\mu_1}\right)^{0.718}Pr^{\frac{1}{3}}\left(\frac{Y}{H}\right)^{0.296}$$

$$=0.137\ 8\left(\frac{0.025\ 1}{0.022}\right)\left(\frac{0.022\times 8.87}{17.6\times 10^{-6}}\right)^{0.718}0.705^{\frac{1}{3}}\left(\frac{4}{14}\right)^{0.296}$$

$$=77.45\ [\mathrm{W/(m^2\cdot ℃)}]$$

翅片效率：

$$\eta=\frac{\tanh(mH)}{mH}$$

其中 $m=[2\times$对流放热系数/(导热系数/翅片厚度)$]^{0.5}$。

翅片导热系数为 0.236 W/(m·K)

$$m_1=\left(\frac{2\times 0.077\ 45}{0.236\times 0.000\ 5}\right)^{0.5}=36.23$$

$$\eta_1=\frac{\tanh(36.23\times 0.014)}{36.23\times 0.014}=0.922\ 0$$

修正后回风侧的放热系数：

$$\alpha_1'=\alpha_1\cdot\beta\cdot\eta\cdot\varepsilon=77.45\times 12.61\times 0.922\times 2.14=1\ 927.0\ [\mathrm{W/(m^2\cdot ℃)}]$$

其中，β 为翅化比，见表 5-1，为 12.61；ε 为析湿系数，计算公式如下：

$$\varepsilon=\frac{h_1-h_2}{c_p\times(T_{\text{hin}}-T_{\text{out}})}=\frac{22.76-15.31}{1.009\times(16-3.96)}=2.14$$

式中 c_p——空气比定压热容，kJ/(kg·℃)，取 1.009 kJ/(kg·℃)；

h_1——回风入口焓值，kJ/kg，从已知条件得 $h_1=22.76$ kJ/kg；

h_2——出风口焓值，kJ/kg，从上述计算得 $h_2=15.31$ kJ/kg；

T_{hin}——回风入口温度，℃，从已知条件得 $T_{\text{hin}}=16$ ℃；

T_{out}——回风出口温度，℃，从上述计算得 $T_{\text{out}}=3.96$ ℃。

同理可计算新风侧放热系数：

$$\alpha_2=0.137\ 8\left(\frac{\lambda_1}{d_o}\right)\left(\frac{d_o G_{2\max}}{\mu_1}\right)^{0.718}Pr^{\frac{1}{3}}\left(\frac{Y}{H}\right)^{0.296}$$

$$=0.137\ 8\left(\frac{0.023\ 6}{0.022}\right)\left(\frac{0.022\times 8}{16.7\times 10^{-6}}\right)^{0.718}(0.712)^{\frac{1}{3}}\left(\frac{3}{12.5}\right)^{0.296}$$

$$=66.86\ [\mathrm{W/(m^2\cdot ℃)}]$$

$$m_2=\left(\frac{2\times 0.060\ 01}{0.236\times 0.000\ 5}\right)^{0.5}=31.89$$

$$\eta_2=\frac{\tanh(31.89\times 0.014)}{31.89\times 0.014}=0.938\ 5$$

修正后新风侧的放热系数：

$$\alpha_2'=\alpha_2\cdot\beta\cdot\eta\cdot\varepsilon=66.86\times 16.48\times 0.938\ 5\times 2.14=2\ 212.95\ [\mathrm{W/(m^2\cdot ℃)}]$$

管壁热阻的计算，按单一钢管计算，取 $\lambda_w=45$ W/(m²·℃)，则

$$\frac{d_o}{2\lambda_w}\ln\frac{d_o}{d_i}=\frac{0.022}{2\times 45}\ln\frac{22}{20}=2.329\ 8\times 10^{-5}[(\mathrm{m^2\cdot ℃/W})]$$

污垢热阻，考虑回风情况取 $R_{污}=0.001$ m²·℃/W，最后加上污垢阻项，计算传热系数 K_0。

$$\frac{1}{K_0}=\frac{1}{\alpha_1}+\frac{d_o}{2\lambda_w}\ln\left(\frac{d_o}{d_i}\right)+\frac{d_o}{2\lambda_w}\ln\left(\frac{d_o}{d_i}\right)\cdot\left(\frac{L_1}{L_2}\right)+\frac{1}{\alpha_2}\left(\frac{L_1}{L_2}\right)+R_{污}$$

$$=\frac{1}{1\ 927.0}+\frac{0.022}{2\times45}\ln\frac{22}{20}+\frac{0.022}{2\times45}\ln\frac{22}{20}\times\left(\frac{1.9}{2.1}\right)+\frac{1}{2\ 212.95}\left(\frac{1.9}{2.1}\right)+0.001$$

$$=0.002\ 043\ [\mathrm{W/(m^2\cdot K)}]$$

得

$$K_0=489.48\ \mathrm{W/(m^2\cdot K)}=0.489\ 48\ \mathrm{kW/(m^2\cdot K)}$$

② 计算传热平均温差

传热平均温差的计算

对逆流　回风 16 ℃→3.96 ℃

新风 2 ℃← −25.2 ℃

对数平均温差

$$\Delta T=\frac{29.16-14}{\ln\dfrac{29.16}{14}}=\frac{15.16}{0.733\ 7}=20.66\ (℃)$$

传热面积

$$A_0=\frac{Q}{K_0\Delta T}=\frac{11\ 734.1}{0.489\ 48\times20.66}=1\ 160.34\ (\mathrm{m^2})$$

计算所需要的管子数

$$n=\frac{A_0}{\pi d_0L_1}=\frac{1\ 160.34}{\pi\times0.022\times1.9}\approx8\ 841(根)$$

考虑 10％的设计余量

$$n=8\ 841\times1.1=9\ 725(根)$$

单排管数量 960 根，并取 10 排管，每排管的数目分别为 960 根和 961 根，总数为 $n=960\times3+961\times7=9\ 607$，实际取 9 607 根。

每支管平均传热量：

$$Q_i=\frac{11\ 734.1}{9\ 725}=1.21\ (\mathrm{kW})$$

回风侧阻力：

$$f=18.93\left(\frac{d_o\cdot G_{1\max}}{\mu_1}\right)^{-0.316}\left(\frac{S_1}{d_o}\right)^{-0.927}\left(\frac{S_1}{S_2}\right)^{0.515}$$

$$=18.93\left(\frac{0.022\times8.87}{17.6\times10^{-6}}\right)^{-0.316}\left(\frac{75}{22}\right)^{-0.927}\left(\frac{75}{65\times\sin60^\circ}\right)^{0.515}$$

$$=0.326\ 2\ (\mathrm{Pa})$$

$$\Delta p=f\frac{NG_{1\max}^2}{g\rho}$$

$$=0.326\ 2\times\frac{10\times8.87^2}{9.8\times0.75}=34.97\ (\mathrm{mmH_2O})$$

每排 1 240 管的压力降为 $\Delta p/N=34.97/10=3.497\ (\mathrm{mmH_2O})$

5.2 间壁式风-液换热器工程案例

5.2.1 工程概况

山西某矿系统经改造后，取矿井回风中热能用于井口防冻和建筑采暖供热，矿井回风余热利用流程见图 5-2。其中建筑采暖热负荷为 1 320.25 kW，矿井回风冬季温度、湿度不受室外气温影响并且全年比较恒定。该矿井回风量为 390 m^3/s，回风冬季最冷月温度为 16 ℃，相对湿度为 90%。风井进风量为 280 m^3/s，井筒防冻负荷设计时按照冬季极端最低温度 −25.2 ℃进行设计。

5.2.2 矿井余热资源及热负荷计算

1. 矿井回风可提取热量计算

本案例中，本矿井回风量为 390 m^3/s，回风冬季最冷月温度为 16 ℃，相对湿度为 90%；拟定换热后回风的温度为 2 ℃，相对湿度为 95%，矿井回风可提取余热测算如下：

$$
\begin{aligned}
Q &= \rho \times V \times (h_2 - h_1) \\
&= 1.1\ \text{kg/m}^3 \times 390\ \text{m}^3/\text{s} \times (41.98 - 12.39)\ \text{kJ/kg} \\
&= 12\ 694.1\ \text{kW}
\end{aligned} \tag{5-5}
$$

式中 Q——可从回风中提取的热量，kW；

ρ——回风空气密度，由空气密度表可知取 1.1 kg/m^3；

V——矿井回风量，取值 390 m^3/s；

h_2——从焓湿图查得温度 16 ℃、相应湿度 90%下回风的焓，取值 41.98 kJ/kg；

h_1——从焓湿图查得温度 2 ℃、相应湿度 95%下回风的焓，取值 12.39 kJ/kg。

2. 井筒防冻负荷计算

风井进风量 280 m^3/s，井筒防冻负荷设计时按照冬季极端最低温度 −25.2 ℃进行设计，井筒防冻负荷计算如下：

$$
\begin{aligned}
Q &= K \times c_p \times \rho_h \times G \times (T_h - T_w) \\
&= 1.1 \times 1.009 \times 1.2 \times 280 \times [2 - (-25.2)] \\
&= 10\ 143.60\ (\text{kW})
\end{aligned} \tag{5-6}
$$

式中 K——富裕系数，取 1.1；

Q——井筒防冻耗热量，kW；

G——矿井进风量，取值 280 m^3/s；

ρ_h——空气密度，kg/m^3，由空气密度表可取 1.2 kg/m^3；

c_p——空气比定压热容，kJ/(kg · ℃)，取值 1.009 kJ/(kg · ℃)；

T_h——冷、热空气混合后的温度，℃，取值 2 ℃；

T_w——冬季极端最低温度平均值，℃，取值 −25.2 ℃。

根据上述公式，井筒防冻保温热负荷为 10 143.60 kW。

综上所述，用于井筒防冻和建筑采暖的总热负荷为 11 463.85 kW。

5.2.3　间壁式风-液换热器设计计算

该工程案例采用乙二醇溶液作为取热载体。不同乙二醇溶液浓度不同其冰点也不同，10.9%乙二醇溶液温度为−4.4 ℃；低温运行取热工况下，乙二醇溶液温度低于 0 ℃，加大了取热温差，矿井回风冷凝释放潜热。矿井回风余热利用工艺流程如图 5-2 所示。

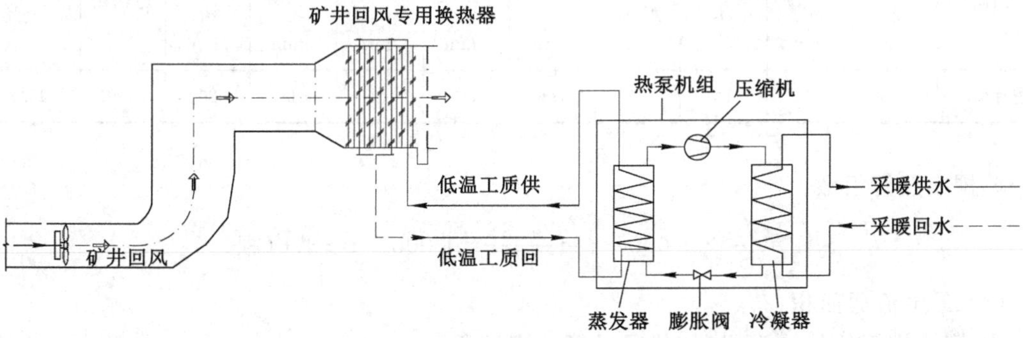

图 5-2　矿井回风余热利用工艺流程图

(1) 已知条件

回风入口焓值：$h_1=41.94$ kJ/kg；

回风入口温度：$T_{\text{hin}}=16$ ℃；

回风的质量流量：$M_1=\rho\times V=429$ kg/s；

热负荷：$Q=11\ 463.85$ kW。

(2) 取热量计算

考虑热泵的 COP 为 4，地源热泵的 COP 通常在 3.0～5.0 之间，需要从矿井回风中取热量为：

$$Q_2=\frac{Q}{\text{COP}}(\text{COP}-1)=\frac{11\ 463.85}{4}\times(4-1)=8\ 597.9\ (\text{kW})$$

(3) 回风取热后参数计算

由 $Q_2=M_1(h_1-h_2)$ 得：

$$h_2=h_1-\frac{Q_2}{M_1}$$

$$h_2=41.94-\frac{8\ 597.9}{429}=21.9\ (\text{kJ/kg})$$

查焓湿图可得，回风出口温度 T_{out} 为 7.02 ℃(相对湿度取 95%)。

(4) 换热断面计算

给定断面流速 $v=4$ m/s，质量流速 $G_{\text{m}}=4$ kg/(m^2 · s)，换热管高一般不超过 5 m，本案例取 $h=4$ m。

迎风面积：

$$A_1=\frac{V}{v}=\frac{390}{4}=97.5\ (\text{m}^2)$$

由迎风面积和换热管高度可以确定进口截面尺寸：

$$L_2 \times L_1 = 24.38\ \text{m} \times 4\ \text{m}$$

翅片管技术参数见表 5-3。

表 5-3 翅片参数

名称	翅片厚度 δ /mm	翅片间距 Y /mm	翅片高度 H_f /mm	翅片管横向间距 S_T /mm	翅片总长 L /m	翅片外径 d_f /mm	光管外径 d_o /mm	光管壁厚 δ_f /mm	热管内径 d_i /mm	翅化比	翅片效率 η/%
翅片管	0.5	4	14	65	1.9	50	22	1	20	12.61	93.85

单排换热管根数：

$$n_1 = \frac{L_2}{S_T} \times 1\,000 + 1 = \frac{24.38}{65} \times 1\,000 + 1 \approx 376(\text{根})$$

(5) 最窄流通面积

① 第一排管的传热面积(加热段光管外表面积)

$$A_{01} = \pi d_o L_1 n_1$$

$$A_{01} = 3.14 \times 0.022 \times 4 \times 376 = 103.90\ (\text{m}^2)$$

② 回风侧气流最窄流通面积计算

$$\begin{aligned}\text{NFA}_1 &= [(S_T - d_o) \times h - 2(H_f \delta_f n_f)](B-1) \\ &= \left[(0.065-0.022) \times 4 - 2\left(0.014 \times 0.000\,5 \times \frac{4}{0.004}\right)\right] \times (376-1) = 59.41\ (\text{m}^2)\end{aligned}$$

式中 S_T——翅片管横向间距，m；

d_o——光管外径，m；

L_2——进口截面的长，m；

L_1——进口截面的宽，m；

h——换热管高度，m；

H_f——翅片高度，m；

δ_f——翅片厚度，m；

B——单排翅片管数量；

n_f——单根热管的翅片数，$n_f = h/Y$，个。

根据几何特性，回风侧气流的最窄流通截面面积为入口迎风面积的 60.93%，为方便计算可取 61%，则回风侧最窄流通面积处的质量流速为：

$$G_{1m} = \frac{v}{61\%} = \frac{4}{0.61} = 6.56\ [\text{kg}/(\text{m}^2 \cdot \text{s})]$$

式中 v——给定断面流速，m/s。

③ 回风侧的放热系数

11.51 ℃的空气物性值查表可得：

$$\mu_1 = 17.64 \times 10^{-6}\ \text{kg}/(\text{m} \cdot \text{s})$$

$$Pr = 0.704$$

$$\lambda_1 = 2.527 \times 10^{-2}\ \text{W}/(\text{m}^2 \cdot ℃)$$

$$\alpha_1 = 0.1378\left(\frac{\lambda_1}{d_o}\right)\left(\frac{d_o G_{1m}}{\mu_1}\right)^{0.718} Pr^{\frac{1}{3}}\left(\frac{Y}{H}\right)^{0.296}$$
$$= 0.1378\left(\frac{0.02527}{0.022}\right)\left(\frac{0.022\times 6.56}{17.64\times 10^{-6}}\right)^{0.718} 0.704^{\frac{1}{3}}\left(\frac{4}{14}\right)^{0.296}$$
$$= 62.56\ [\mathrm{W/(m^2 \cdot ℃)}]$$

式中　d_o——光管外径，m，由表 5-3 可得；

G_{1m}——回风侧最窄流通面积处的质量流速，kg/(m² · s)。

$$\eta = \frac{\tanh(m\times H)}{m\times H}$$

其中

$$m = \left(2\times\frac{\alpha_1}{\lambda_2\times\delta}\right)^{0.5}$$

翅片导热系数 λ_2 为 0.236 W/(m · k)，翅片厚度 δ 与翅片高度 H 由表 5-3 可知为 0.5 mm、14 mm。

$$m_1 = \left(\frac{2\times 0.06256}{0.236\times 0.0005}\right)^{0.5} = 32.56$$

$$\eta_1 = \frac{\tanh(32.56\times 0.014)}{32.56\times 0.014} = 93.60\%$$

修正后回风侧的放热系数：

$$\alpha_1{}' = \alpha_1 \cdot \beta \cdot \eta \cdot \varepsilon$$

$$析湿系数\ \varepsilon = \frac{h_1 - h_2}{c_p\times(T_{hin} - T_{out})} = \frac{41.94-21.90}{1.009\times(16-7.02)} = 2.21$$

式中　c_p——空气比定压热容，kJ/(kg · ℃)，取 1.009 kJ/(kg · ℃)；

h_1——回风入口焓值，kJ/kg，从已知条件得 $h_1=41.94$ kJ/kg；

T_{hin}——回风入口温度，℃，从已知条件得 $T_{hin}=16$ ℃；

T_{out}——回风出口温度，℃，从上述计算中得 $T_{out}=7.02$ ℃。

翅化比 $\beta=12.61$，则

$$\alpha_1{}' = 62.56\times 12.61\times 93.60\%\times 2.21 = 1\,631.85\ [\mathrm{W/(m^2 \cdot ℃)}]$$

(6) 对数温差计算

回风温度 $T_{hin}=16$ ℃→$T_{out}=7.02$ ℃

乙二醇溶液温度 $t_{w1}=-5$ ℃→$t_{w2}=0$ ℃

对数平均温差为

$$\frac{(T_{hin}-t_{w1})-(T_{out}-t_{w2})}{\ln\left(\frac{T_{hin}-t_{w1}}{T_{out}-t_{w2}}\right)} = \frac{21-7.02}{\ln\left(\frac{21}{7.02}\right)} = 12.75\ (℃)$$

(7) 翅片管管内流量

换热器温度：$t_{w1}=-5$ ℃→$t_{w2}=0$ ℃

由 $Q_2=cM\Delta T$ 可得乙二醇流量 q_v：

$$M_2 = \frac{Q_2}{(t_{w2}-t_{w1})\times c} = \frac{8\,280.9}{5\times 3.9} = 424.66\ (\mathrm{kg/s})$$

$$q_v = \frac{M_2}{\rho} = \frac{424.66}{1\,113} = 0.381\ (\mathrm{m^3/s})$$

式中 Q_2——井回风中取热量，kW，由上述计算所得；

c——乙二醇比热容，J/(kg·K)，取值 3.9 J/(kg·K)；

ρ——乙二醇的密度，kg/m³。

第一排换热管断面面积 A_1：

$$A_1 = 3.14 \times \left(\frac{d_o}{2}\right)^2 \times n_1 = 3.14 \times \left(\frac{0.022}{2}\right)^2 \times 376 = 0.14\ (\mathrm{m}^2)$$

式中 d_o——光管外径，m，由表 5-3 所得；

n_1——单排换热管根数，个，由上述计算所得。

断面流速：

$$v = \frac{q_v}{3A_1} = \frac{0.396}{3 \times 0.14} = 0.94\ (\mathrm{m/s})$$

雷诺数：取乙二醇水溶液动力黏度系数 $\mu = 1.9 \times 10^{-3}$ kg/(m·s)，则

$$Re = \frac{\rho v d_o}{\mu} = \frac{1\,113 \times 0.94 \times 0.022}{1.9 \times 10^{-6}} = 12\,114.13$$

管内对流换热系数详见公式(3-50)：

$$\alpha_2 = 0.023\left(\frac{\lambda_f}{d_0}\right)\left(\frac{d_0 G_m}{\mu_f}\right)^{0.8} Pr_f^n = 0.023 \times \frac{0.511}{0.022} \times (12\,114.13)^{0.8} \times 0.706^{0.4}$$

$$= 858.78\ [\mathrm{W/(m^2 \cdot K)}]$$

(8) 传热系数计算(详细见式 3-5)

考虑回风情况，污垢热阻取 $R_{污} = 0.001\ \mathrm{m^2 \cdot ℃/W}$

管壁热阻计算，按单一钢管计算，取 $\lambda_w = 45\ \mathrm{W/(m^2 \cdot ℃)}$，则

$$\frac{d_o}{2\lambda_w}\ln\frac{d_o}{d_i} = \frac{0.022}{2 \times 45}\ln\frac{22}{20} = 2.329\,8 \times 10^{-5}\ (\mathrm{m^2 \cdot ℃/W})$$

$$\frac{1}{K_0} = \frac{1}{\alpha_1} + \frac{d_o}{2\lambda_w}\ln\left(\frac{d_o}{d_i}\right) + \frac{1}{\alpha_2} + R_{污}$$

$$= \frac{1}{1\,622.11} + 2.329\,8 \times 10^{-5} + \frac{1}{858.78} + 0.001 = 0.002\,8$$

$$K_0 = 357.14\ \mathrm{W/(m^2 \cdot K)} \approx 0.357\ \mathrm{kW/(m^2 \cdot K)}$$

(9) 传热面积计算

$$换热面积 = \frac{Q_2}{对数平均温差 \times 换热系数} = \frac{8\,280.9}{12.76 \times 0.357} = 1\,817.85\ (\mathrm{m^2})$$

考虑 10%的设计余量，换热管数量：

$$\frac{1\,817.85}{3.14 \times 0.022 \times 4} \times 1.1 \approx 7\,237(根)$$

换热排数：

$$\frac{7\,237}{376} = 19(排)$$

实际换热管数量：

$$8 \times 376 = 3\,008(根)$$

(10) 回风侧换热器阻力

阻力系数：

$$f = 18.93\left(\frac{d_o \cdot G_{1\max}}{\mu_1}\right)^{-0.316}\left(\frac{S_1}{d_o}\right)^{-0.927}\left(\frac{S_1}{S_2}\right)^{0.515}$$
$$= 18.93\left(\frac{0.022\times 6.56}{17.5\times 10^{-6}}\right)^{-0.316}\left(\frac{65}{22}\right)^{-0.927}\left(\frac{65}{65\times \sin 60^\circ}\right)^{0.895}$$
$$= 0.895$$

则：

$$\Delta p = f\cdot\frac{N\cdot G_{1\max}^2}{g\rho} = 0.895\times\frac{8\times 6.56^2}{9.8\times 0.75} = 41.92\ (\text{mmH}_2\text{O})$$

每排管的压力降：

$$\frac{\Delta p}{N} = \frac{41.92}{8} = 5.24\ (\text{mmH}_2\text{O})$$

5.2.4　热泵选型设计

(1) 热泵选型的详细设计包括以下几个步骤：

① 收集建筑信息：收集建筑的基本信息，包括建筑面积、楼层数、建筑结构、绝缘性能等。

② 确定热负荷：进行热负荷计算，考虑到建筑的散热、传热、制热和制冷需求。

③ 确定工作温度范围：根据建筑的用途和需求，确定热泵的工作温度范围，包括热源进水温度和回水温度，以及热泵供暖和制冷的进出水温度。

④ 确定热泵类型：根据建筑的特点和供暖/供冷需求，选择合适的热泵类型，如空气源热泵、地源热泵或水源热泵。考虑到安装条件、能源效率和经济性。

⑤ 容量计算：根据热负荷和温度需求，计算所需的热泵容量。

⑥ 能效比评估：比较不同热泵型号的能效比，选择能效最高的型号，以最大程度地节省能源和运行成本。

⑦ 环境因素考虑：考虑热泵设备安装的环境因素，如安装空间、噪音要求、排放要求等。

(2) 热泵选型设计

根据冷凝器出水温度要求不同，热泵 COP 不同，对热泵进行选型设计。

为了工况要求，蒸发侧环境温度−8～15 ℃，冷凝侧换热温度 45～65 ℃，初步拟定蒸发温度为 5 ℃，蒸发器过热度为 7 ℃，冷凝温度为 55 ℃；计算该工况下单机压缩 COP，制冷剂为 R22。

通过 SOLKANE 软件可以直接得出每个节点不同的焓值，各节点位置见图 5-3。

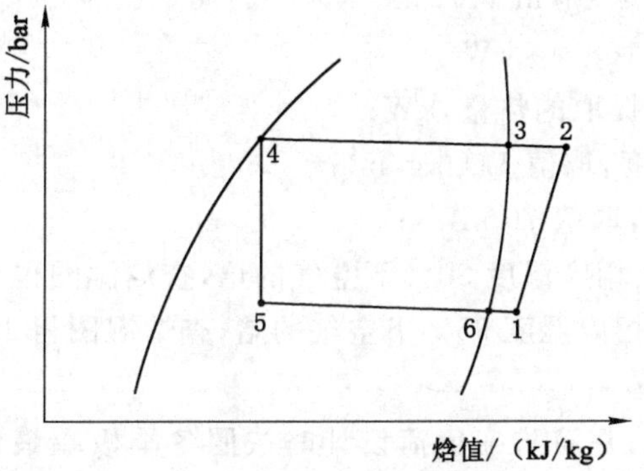

图 5-3　实际热力循环压焓图

(1 bar=10^5 Pa)

$h_1=524.39$ kJ/kg　　$h_2=604.41$ kJ/kg　　$h_3=604.41$ kJ/kg

$h_4=309.46$ kJ/kg　　$h_5=309.46$ kJ/kg　　$h_6=524.39$ kJ/kg

通过公式可以得出：

单位质量制冷剂制冷量：

$$q_0=h_6-h_5=524.39-309.46=214.93\ (\text{kJ/kg})$$

单位质量制冷剂制热量：

$$q_k=h_2-h_4=604.41-309.46=294.95\ (\text{kJ/kg})$$

单位质量压缩机做功：

$$w=h_2-h_1=604.41-524.39=80.02\ \text{kJ/kg}$$

制热工况 COP：

$$\text{COP}=\frac{q_k}{w}=\frac{h_2-h_4}{h_2-h_1}=\frac{294.95}{80.02}=3.68$$

5.3 喷淋换热器工程案例

5.3.1 工程概况

平煤三矿新井位于河南省平顶山市，现有地面建筑面积 1 600 m²，井口防冻的风量为 50 m³/s，洗浴热负荷为 602 kW。该矿矿井回风热源丰富，矿井回风温度基本不受室外气温影响并且全年都比较恒定，矿井通风风量为 70 m³/s，根据设计条件处理回风量为 70 m³/s，回风温度为 21 ℃，相对湿度为 80%。根据热泵技术及喷淋室换热器的技术特点，取进水温度(水的初温)$t_{w1}=7$ ℃，假设出水温度(水的终温)$t_{w2}=12$ ℃。

5.3.2 矿井余热资源及热负荷计算

1. 矿井回风可提取热量计算

本案例中，该矿井回风量为 70 m³/s，回风冬季最冷月温度为 21 ℃，相对湿度为 80%；拟定换热后回风的温度为 2 ℃，相对湿度为 95%，矿井回风可提取余热测算如下：

$$\begin{aligned}Q&=\rho\times V\times(h_2-h_1)\\&=1.1\ \text{kg/m}^3\times 70\ \text{m}^3/\text{s}\times(52.78-12.41)\ \text{kJ/kg}\\&=3\ 108.49\ \text{kW}\end{aligned}\tag{5-7}$$

式中　Q——可从回风中提取的热量，kW；

ρ——回风空气密度，取值 1.1 kg/m³；

V——矿井回风量，取值 70 m³/s；

h_2——温度 21 ℃、相应湿度 80%下空气的焓，查焓湿图得 52.78 kJ/kg；

h_1——温度 2 ℃、相应湿度 95%下空气的焓，查焓湿图得 12.41 kJ/kg。

2. 井筒防冻负荷计算

风井进风量 50 m³/s，井筒防冻负荷设计时按照冬季极端最低温度－13 ℃进行设计。井筒防冻负荷计算如下：

$$Q=K\times c_p\times\rho_h\times G\times(T_h-T_w)=1.1\times 1.009\times 1.2\times 50\times[2-(-13)]$$

$$=998.91\ (\text{kW}) \tag{5-8}$$

式中　K——富裕系数，取 1.1；

Q——井筒防冻耗热量，kW；

G——矿井进风量，取值 50 m^3/s；

ρ_h——空气密度，kg/m^3，取值 1.2 kg/m^3；

c_p——空气比定压热容，kJ/(kg·℃)，取值 1.009 kJ/(kg·℃)；

T_h——冷、热空气混合后的温度，℃，取值 2 ℃；

T_w——冬季极端最低温度平均值，℃，取值－13 ℃。

根据上述公式，井筒防冻保温热负荷为 998.91 kW。

3. 建筑负荷计算

根据面积热指标法计算，河南平顶山市建筑采暖热指标为 78 W/m^2，建筑采暖热负荷为 124.8 kW。

综上所述，用于井筒防冻、建筑采暖和洗浴热负荷的总热负荷为

$$Q_{总}=Q_1+Q_2+Q_3=602+998.91+124.8=1\ 725.71\ (\text{kW})$$

式中　Q_1——洗浴热负荷，kW；

Q_2——井筒防冻保温热负荷，kW；

Q_3——建筑采暖热负荷，kW；

$Q_{总}$——总热负荷，kW。

5.3.3　喷淋换热器设计计算

图 5-4 所示为矿井回风热回收系统（即换热器加水源热泵）的工作原理。该系统由矿井回风换热器和扩散塔（二者共同构成回风换热装置）、动力装置、集水池、汇水池及附件组成。该系统的核心装置是回风换热器，矿井回风在风机作用下压入扩散塔内，从而转变为低速、均匀、稳定的气流。该气流与回风换热器中喷淋出的高密度的雾化水滴充分接触，从而完成汽水之间的热湿交换，之后的矿井回风通过挡水板排至大气，喷淋水进入汇水池，在集水池

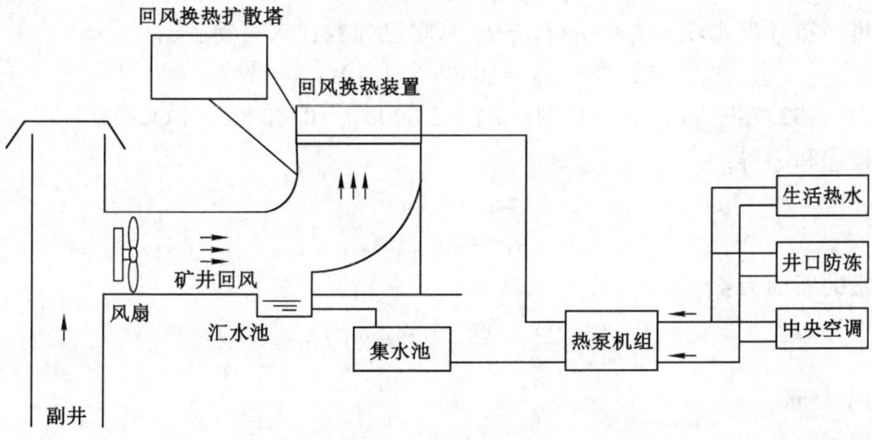

图 5-4　矿井回风热回收系统工作原理

中汇集，然后输送至热泵机组。制热工况时，喷淋水从矿井回风中提取热量，温度提高了的冷冻水被输送到热泵机组的蒸发器进行热交换，最终为用户提供生活热水，供矿区采暖、井筒防冻使用。

循环水量：

$$W=\frac{Q}{C_{w}(t_{w2}-t_{w1})}=\frac{1\ 725.71}{1.163(12-7)}=296.77\ (m^3/h)$$

取循环水量 $W=300\ m^3/h$。

喷水系数：
$$\mu=\frac{W}{G}=\frac{300\ 000}{360\ 000\times 1.281}=0.65$$

式中 μ——喷水系数，kg(水)/kg(空气)；

G——通过喷淋室的风量，kg/h；

W——总喷水量，kg/h。

根据《热质交换原理与设备》(第四版，连之伟，附录 7 选用如下喷淋室结构)。喷淋室一经选定就变成了已知条件：双排对喷，选 Y-1 型离心式喷嘴，$d_o=5$ mm，$n=13$ 个/(m^2 · 排)，喷淋室断面风速 $v=2.78$ m/s，取 $v\rho=3$ kg/(m^2 · s)。查附录 7 得：

$A=0.745$； $A'=0.755$； $m=0.07$； $m'=0.12$； $n=0.265$； $n'=027$

上述 A、A'、m、m'、n、n' 均为实验的系数和指数。

由手册查出相应的喷淋室的 η_1 [实验公式(3-65)]，并列出方程：

$$\eta_1=1-\frac{t_{s2}-t_{w2}}{t_{s1}-t_{w1}}=A\ (v\rho)^m\ \mu^n$$

式中 t_{s1}——空气初状态；

t_{s2}——空气终状态；

t_{w1}、t_{w2}——冷水初、终温状态。

$$\eta_1=1-\frac{t_{s2}-t_{w2}}{18.62-7}=0.745\times(3)^{0.07}0.65^{0.265}=0.718$$

得：

$$t_{s2}-t_{w2}=3.28 \qquad ①$$

根据热平衡方程式，$i_1-i_2=\mu c(t_{w2}-t_{w1})$，将已知数代入可得：

$$52.78-i_2=0.65\times 4.19(t_{w2}-7) \qquad ②$$

$$52.78-[(1.01+1.84d)t_{s2}+2\ 500d]=0.65\times 4.19(t_{w2}-7)$$

由方程①和②得：

$$t_{w2}=9.93\ ℃$$
$$t_{s2}=13.21\ ℃$$

喷水室的断面为：

$$A=\frac{G}{v\rho}=\frac{50\times 1.2}{3}=20\ (m^2)$$

其中，G 为空气量。

两排喷嘴总数为：

$N=2nA=2\times 15\times 20=600$ 个，取 600 个

根据计算所得的总喷水量 W，知每个喷嘴的喷水量为：

$$\frac{W}{N}=\frac{300\ 000}{600}=500\ (\text{kg/h})$$

根据每个喷嘴的喷水量 500 kg/h 及喷嘴孔径 $d_o=5$ mm，查图 5-5 可得喷嘴前所需水压为 2.2 atm（工作压力）：

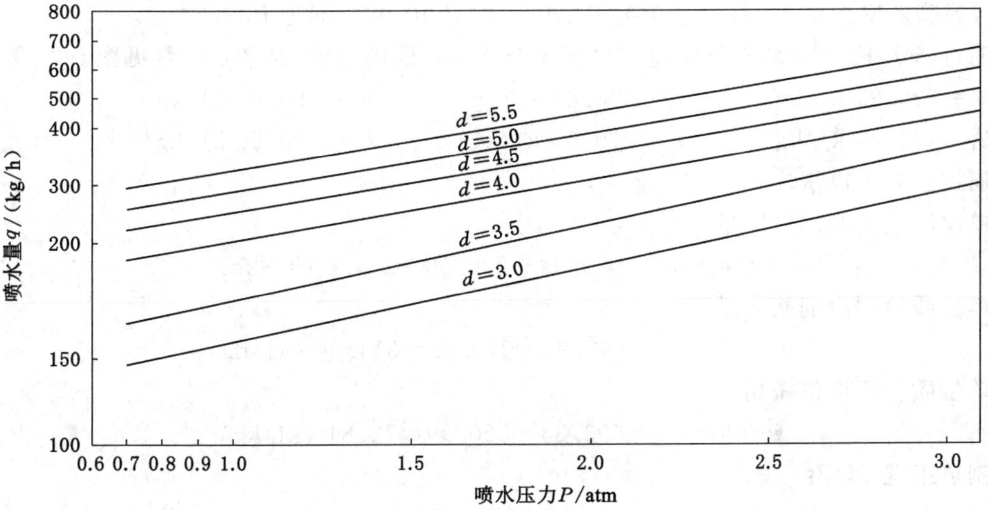

图 5-5　喷水压力与喷水量关系图

喷淋换热器阻力计算

（1）挡水板的阻力

$$\Delta H_d=\sum\zeta_d\frac{v_d^2}{2}\rho=20\times\frac{3.336^2}{2}\times1.2=133.55\ (\text{Pa})$$

式中　$\sum\zeta_d$——前、后挡水板局部阻力系数之和，取决于挡水板的结构，$\sum\zeta_d$ 一般可取 20；

v_d——空气在挡水板断面上的迎风风速。因为挡水板的迎风面积等于喷淋室断面积减去挡水边框后的面积，所以一般取 $v_d=(1.1\sim1.3)v$ m/s。

此外取 $v_d=1.2\times2.78=3.336$ m/s。

（2）喷嘴排管阻力

$$\Delta H_P=0.1z\frac{v^2}{2}\rho=0.1\times2\times\frac{2.78^2}{2}\times1.2=0.93\ (\text{Pa})$$

式中　z——排管数；

v——喷淋室断面风速，m/s。

（3）水苗阻力

$$\Delta H_w=1\ 180\times b\mu P=1\ 180\times0.075\times0.65\times2.2\times0.101\ 325=12.82\ (\text{Pa})$$

总阻力：

$$H=\Delta H_d+\Delta H_P+\Delta H_w=147.3\ (\text{Pa})$$

式中　P——喷嘴前水压，atm（工作压力）；

b——由喷水空气运动方向所决定的系数，一般取双排对喷时 $b=0.075$。

5.3.4 热泵选型设计

根据冷凝器出水温度要求不同,热泵 COP 不同,对热泵进行选型设计。

为了满足工况要求,初步拟定蒸发温度为 −5 ℃,蒸发器过热度为 6 ℃,冷凝温度为 42 ℃,等熵效率为 0.78,计算该工况下单机压缩 COP,制冷剂为 R32。

通过 SOLKANE 软件可以直接得出每个节点不同的焓值,各节点位置见图 5-3。

$h_1=520.99$ kJ/kg　　$h_2=593.83$ kJ/kg　　$h_3=593.83$ kJ/kg

$h_4=279.59$ kJ/kg　　$h_5=279.59$ kJ/kg　　$h_6=520.99$ kJ/kg

通过公式可以得出:

单位质量制冷剂制冷量:

$$q_0=h_6-h_5=520.99-279.59=241.4\ (\text{kJ/kg})$$

单位质量制冷剂制热量:

$$q_k=h_2-h_4=593.83-279.59=314.24\ (\text{kJ/kg})$$

单位质量压缩机做功:

$$w=h_2-h_1=593.83-520.99=72.84\ (\text{kJ/kg})$$

制热工况 COP:

$$\text{COP}=\frac{q_k}{w}=\frac{h_2-h_4}{h_2-h_1}=\frac{314.24}{72.84}=4.31$$

第 6 章　矿井排水热能利用技术及工程案例

6.1　工 程 背 景

6.1.1　工程概况

某矿井每日排水量为 5 000 m^3，建设规模为年产 300 万 t。该矿工业广场设计为三进一回（主斜井、副斜井、回风斜井），矿区目前采用 1 台 SZL7.0-1.0 型热水锅炉对地面生活区、工业区等进行供热，井筒暖风由三台 HSL-WS-150 型暖风炉供给。根据当地最新环保要求，该矿供热系统改造项目计划利用矿井排水余热资源，以矿井排出的热水资源为热源，采用矿井排水源热泵新技术，代替原燃煤锅炉传统供热方式，满足该工业场地供热需求，以期实现该风井场“绿色生产、节能降耗、减员增效”的设计目标。

6.1.2　建筑供暖热负荷匹配计算

（1）建筑热负荷计算：

初步选定供热管道管径 DN＝200 mm，内部水的流速为 1.6 m/s。

建筑热负荷 Q_1：

$$Q_1 = c\rho v S_{截} \Delta t = 4.187 \times 998 \times 1.6 \times \pi \times \left(\frac{0.200}{2}\right)^2 \times (50-40) = 2\,100.40\ (\mathrm{kW})$$

式中　c——水的比热容，$c=4.187$ kJ/(kg·℃)；

ρ——水的密度，kg/m^3；

v——管内水的流速，m/s；

$S_{截}$——管道截面积，m^2；

Δt——冷凝器进出水温差，℃。

（2）矿井排水可提取热量：

矿井水处理站位于矿井工业场地内，根据矿方提供的资料，计算最大供暖能力时矿井排水量按照 5 000 m^3/d 计算，冬季矿井排水温度约 20 ℃，考虑到水处理过程中的温度损失，板式换热器进口处水温为 15 ℃，提取完热量后水温为 6 ℃。

余热量 Q_2：

$$Q_2=c\rho V\Delta T=4.187\times1\ 023.84\times\frac{5\ 000}{3\ 600\times24}\times(15-6)=2\ 232.72\ (\text{kW})$$

式中　Q_2——矿井排水余热量，kW；

c——矿井排水的比热容，$c=4.187$ kJ/(kg·℃)；

ρ——矿井排水密度，取 $\rho=1\ 023.84$ kg/m^3；

V——矿井排水量，m^3/d；

ΔT——矿井水的换热前后温度差，℃。

(3) 根据后续热泵选型资料显示(见 6.2.3 节)，热泵机组的平均 COP 值取 4.16，则矿井排水中赋存的可利用热量为：

理论可利用热量：

$$Q_3=Q_2\times\frac{\text{COP}}{\text{COP}-1}=2\ 232.72\times\frac{4.16}{4.16-1}=2\ 939.28\ (\text{kW})$$

实际热泵制热量：

$$Q_3'=Q_3\times k$$

式中　k——耗损系数，一般取 $k=0.88$。

$$Q_3'=Q_3\times k=2\ 939.28\times0.88=2\ 586.57\ (\text{kW})$$

由以上分析可知：洗浴废水可回收利用的热量 Q_3' 大于建筑热负荷所需热量 Q_1，故不需采用其他热源补充加热，但为了保证供应需求，也需添加额外热源以满足用户需求。

6.2　矿井排水取热耦合热泵技术

煤矿生产过程中，有大量的矿井涌水从井底水仓不断地排到地面。矿井排水水温一年四季基本保持恒定，由于水量持续、稳定，且蕴藏大量的低温热能，因此矿井排水是一种优质的热泵热源，通过输入少量的电能，制造符合要求的中高温热水。

6.2.1　工艺路线

1. 矿井排水耦合热泵技术原理

富含低温热能的矿井排水作为热源，经过水处理和热量提取后，通过热泵机组进行品质提升，消耗少量电能，制取中高温热水以供矿区洗浴、冬季供暖之用。热泵系统原理如图 6-1所示。

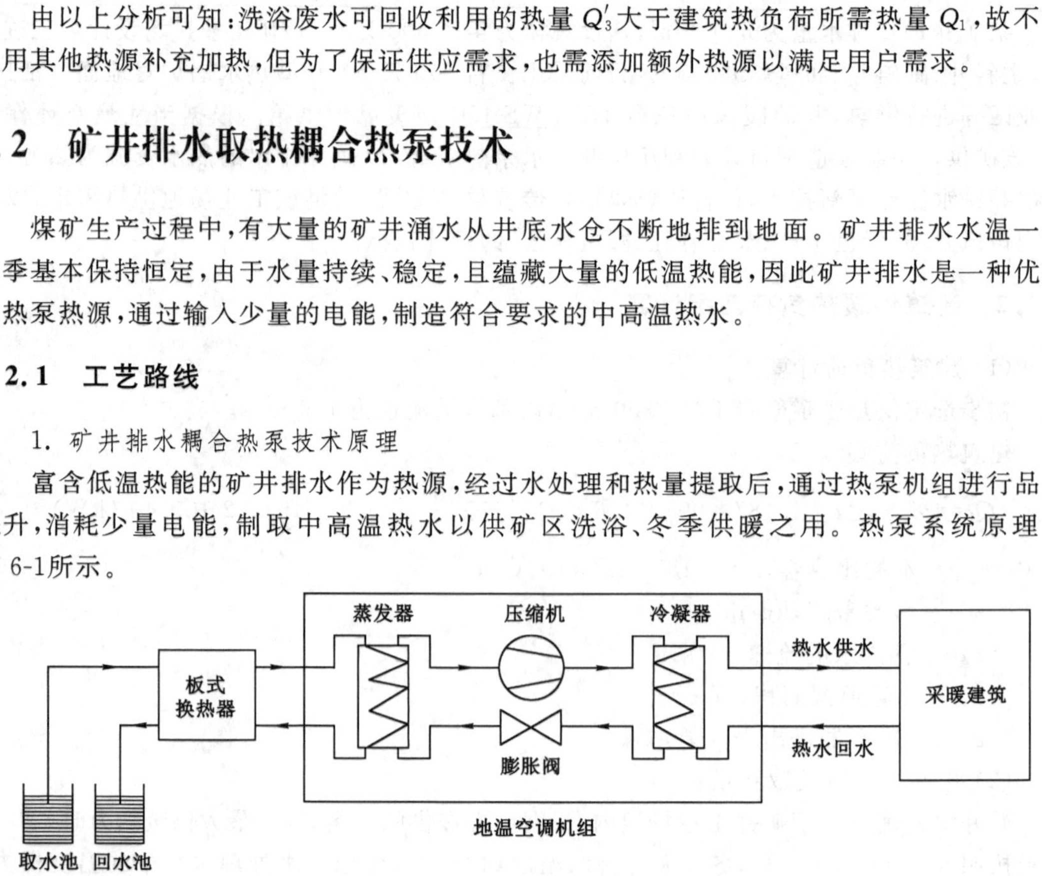

图 6-1　矿井水源热泵系统原理图

热泵机组工作时，首先，压缩机产生的制冷剂气体具有高温高压特性，气体进入冷凝器释放热量变成高压液体，释放的热量对热水供水进行加热；然后，冷凝后的制冷剂经膨胀阀后变为低温低压液体进入蒸发器；进入蒸发器的低温低压液体制冷剂吸收水源中的热量形成低压蒸气；而后被压缩机压缩成高温高压气体，继续进入冷凝器液化释放热量，加热循环供水，由此形成一个完整的循环，将最初矿井排水中的热量提取提升后转移到了最终供水中。

2. 矿井排水余热利用工艺流程

通过设置排水井或利用地下排水管道系统进行矿井排水的收集，经过水质处理后，利用板式换热器提取排水中的废热，并经过热泵系统提升后制备热水。热量提取后的排水，需要进行处理，可采用物理、化学和生物处理方法，如沉淀、过滤、中和、氧化等，以符合环保标准要求。矿井排水余热利用工艺流程如图 6-2 所示。

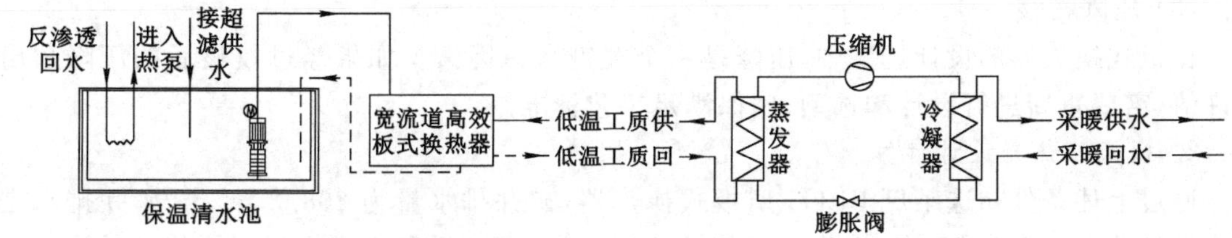

图 6-2　矿井排水余热利用工艺流程图

3. 矿井排水余热特点分析

作为绿色供热系统的源头，煤矿余热源必须同时满足如下条件：连续性要求、稳定性要求、热品位要求、余热量要求。详情见表 6-1。

表 6-1　余热资源基本条件

余热资源	矿井排水余热
基本情况	按 5 000 m^3/d 计算，即矿井排水量为 0.057 9 m^3/s，冬季矿井排水温度约 20 ℃，中间水换热后水温为 15 ℃
连续性	余热源年小时连续供给（运行）率应＞80％
稳定性	余热源关键参数波动范围应＜20％
热品位	余热源的热品位不应＜15 ℃
余热量	余热量应＞1 000 kW
评 价	满足条件，是比较理想的余热源，但余热量规模较小

通过以上分析可知：现有的“矿井排水余热资源”具备较高开发利用价值。

6.2.2　板式换热器选型依据及设计计算

1. 板式换热器选型依据

在进行板式换热器的选择之前，需要考虑以下情况。

(1) 板型选择

在选择板式换热器的板型时，应根据实际需要进行决定。对于高流量、允许较小压降的情况，选择阻力小的板型；反之，选择阻力大的板型。根据流体压力和温度，确定是选择可拆卸式还是钎焊式。此外，应避免选择单板面积过小的板片，以免数量过多、板间流速过小，从而导致传热系数过低。对于较大的换热器，尤其需要注意这个问题。

（2）流程和流道的选择

流程是指板式换热器内一组相同介质，沿着同一流动方向并联的流道。而流道是指板式换热器内由相邻的两片板组成的介质流动通道。通常，会按照并联或串联的方式连接多个流道，以实现不同的冷、热介质通道组合。

在确定流程组合形式时，应考虑换热效果和流体阻力，同时满足工艺条件要求。最理想的情况是使冷、热水流道内的对流换热系数相近，以获得最佳的传热效果。这是因为当传热表面两侧的对流换热系数相近时，传热系数会达到较高的值。尽管板式换热器中各板之间的流速存在差异，但在进行换热和流体阻力计算时，仍以平均流速为基准进行计算。

（3）压降校核

在板式换热器的设计选型中，压降是一个关键考虑因素。如果经过校核后的压降超出允许值，需要重新进行设计和选型，确保满足工艺标准。

2. 板式换热器设计计算

通过上述条件初选某厂 BRO3 型板式换热器，矿井排水量为 208.3 m^3/h，矿井排水进板式换热器的温度为 15 ℃，出板式换热器的温度为 6 ℃；循环水进入板式换热器的温度为 1 ℃，出板式换热器的温度为 5 ℃。下面采用上述工程案例的具体参数对板式换热器进行详细设计计算。

（1）已知工艺参数

热侧：$t'_1=15$ ℃，$t''_1=6$ ℃；

冷侧：$t'_2=1$ ℃，$t''_2=5$ ℃。

（2）物性数据

热侧平均温度 $t=\frac{(15+6)}{2}=10.5$（℃），物性参数取值如下：

ρ_1（密度）$=999.6\ kg/m^3$

c_{p1}（比热容）$=4.19\ kJ/(kg\cdot K)$

λ_1（传热系数）$=0.577\ W/(m\cdot K)$

ν_1（流体运动黏度）$=1.276\times10^{-6}\ m^2/s$

$Pr_1=9.27$

冷侧平均温度 $t=\frac{(1+5)}{2}=3$（℃）下取值：

ρ_2（密度）$=999.9\ kg/m^3$

c_{p2}（比热容）$=4.206\ kJ/(kg\cdot K)$

λ_2（传热系数）$=0.558\ W/(m\cdot K)$

ν_2（流体运动黏度）$=1.644\times10^{-6}\ m^2/s$

$Pr_2=12.43$

（3）初选某厂 BRO3 型板式换热器

流程组合$\frac{2\times24}{2\times24}(N_e=95)$，　$n_1=24$，　$n_2=24$

单板换热面积：$A_0 = 0.368\ \text{m}^2$

单流道截面积：$A_s = 0.008\ 339\ 2\ \text{m}^2$

当量直径：$d_e = 0.007\ 2\ \text{m}$

板片厚度：$\delta_p = 0.000\ 8$（材料为 18-8 不锈钢）

$$Nu = 0.349 Re^{0.641} Pr^{0.3(0.4)}$$

$$Eu = 107\ 744 Re^{-0.695}\text{（受压流道或称压缩流道）}$$

$$Eu = 44\ 329 Re^{-0.886}\text{（扩张流道）}$$

(4) 求换热量

板式换热器换热量可采用以下公式计算：

循环水的质量流量：$q_{m1} = 208.3 \times 999.6 = 208\ 216.68\ (\text{kg/h})$

$$Q = q_m c_{p1}(t'_1 - t''_1) = 208.3 \times 999.6 \times 4.19 \times (15-6) = 7\ 851\ 851.003\ (\text{kJ/h}) = 2\ 181.07\ (\text{kW})$$

$$q_{m2} = \frac{Q}{(t''_2 - t'_2)c_{p2}} = \frac{7\ 851\ 851.003}{(5-1) \times 4.206} = 466\ 705.36\ (\text{kg/h})$$

(5) 求对流传热膜系数

① 求流速

$$W_1 = \frac{q_{m1}/\rho_1}{3\ 600\, n_1 A_s} = \frac{208\ 216.68/999.6}{3\ 600 \times 24 \times 0.008\ 339\ 2} = 0.289\ (\text{m/s})$$

$$W_2 = \frac{q_{m2}/\rho_2}{3\ 600 n_2 A_s} = \frac{466\ 705.36/999.9}{3\ 600 \times 24 \times 0.008\ 339\ 2} = 0.648\ (\text{m/s})$$

② 求 Re

$$Re_1 = \frac{d_e W_1}{\nu_1} = \frac{0.007\ 2 \times 0.289}{1.276 \times 10^{-6}} = 1\ 630.72$$

$$Re_2 = \frac{d_e W_2}{\nu_2} = \frac{0.007\ 2 \times 0.648}{1.644 \times 10^{-6}} = 2\ 837.96$$

③ 求 Nu

$$Nu_1 = 0.349\, Re_1^{0.641} Pr_1^{0.3} = 0.349 \times 1\ 630.72^{0.641} \times 9.27^{0.3} = 78$$

$$Nu_2 = 0.349\, Re_2^{0.641} Pr_2^{0.4} = 0.349 \times 2\ 837.96^{0.641} \times 12.43^{0.4} = 156.31$$

④ 求 α

$$\alpha_1 = Nu_1 \frac{\lambda_1}{d_e} = 78 \times \frac{0.577}{0.007\ 2} = 6\ 250.83\ [\text{W/(m}^2 \cdot \text{K)}]$$

$$\alpha_2 = Nu_2 \frac{\lambda_2}{d_e} = 156.31 \times \frac{0.558}{0.007\ 2} = 12\ 114.025\ [\text{W/(m}^2 \cdot \text{K)}]$$

(6) 求总传热系数

选取污垢热阻为：$R_1 = R_2 = 0.45 \times 10^{-4}\ (\text{m}^2 \cdot \text{K})/\text{W}$

$$K = \left(\frac{1}{\alpha_1} + R_1 + \frac{\delta_p}{\lambda_p} + R_2 + \frac{1}{\alpha_2}\right)^{-1}$$

$$= \left(\frac{1}{6\ 250.83} + 0.45 \times 10^{-4} + \frac{0.000\ 8}{16.3} + 0.45 \times 10^{-4} + \frac{1}{12\ 114.025}\right)^{-1}$$

$$= 2\ 620.49\ [\text{W/(m}^2 \cdot \text{K)}]$$

(7) 求传热平均温差

$$\Delta t_{\max}=15-6=9\ (℃)$$

$$\Delta t_{\min}=5-1=4\ (℃)$$

$$\Delta t_{\mathrm{m}}=\frac{\Delta t_{\max}-\Delta t_{\min}}{\ln\dfrac{\Delta t_{\max}}{\Delta t_{\min}}}=\frac{9-4}{\ln\dfrac{9}{4}}=6.17\ (℃)$$

(8) 求传热面积

根据 $Q=KA\Delta t_{\mathrm{m}}$ 得

$$A=\frac{Q}{K\Delta t_{\mathrm{m}}}=\frac{7\ 851\ 851.003}{2\ 620.49\times 6.17}=485.63\ (\mathrm{m}^2)$$

(9) 求 Eu

设热侧流道为流体压缩流道，冷侧流道为流体扩张流道。

$$Eu_1=107\ 744Re_1^{-0.695}=107\ 744\times 1\ 630.72^{-0.695}=664.56$$

$$Eu_2=449\ 329Re_2^{-0.886}=449\ 329\times 2\ 837.96^{-0.886}=401.8$$

(10) 求 Δp

$$\Delta p_1=m_1Eu_1\rho_1W_1^2=2\times 545.21\times 999.6\times 0.289^2=91\ 043.6\ (\mathrm{Pa})$$

$$\Delta p_2=m_2Eu_2\rho_2W_2^2=2\times 393.8\times 999.9\times 0.648^2=310\ 785.8\ (\mathrm{Pa})$$

6.2.3 热泵选型设计

根据冷凝器出水温度要求不同，热泵 COP 不同，冷凝器进出水温度要求为 50 ℃、40 ℃，对热泵进行选型设计。实际热力循环压焓图如图 6-3 所示。

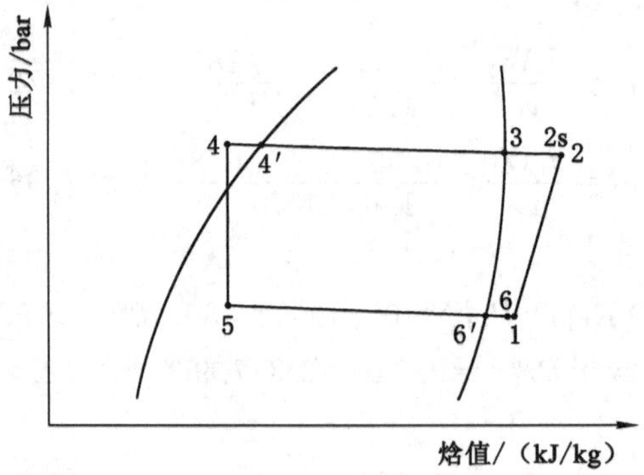

图 6-3　实际热力循环压焓图

热力循环过程包含以下过程：

(1) 压缩过程，等熵效率＝0.773，用循环过程线 1—2 表示；由于该过程为可逆绝热过程，点 1、2 在同一条定熵线上；

(2) 压缩排气管排气过程，用循环过程线 2—2s 表示；

(3) 在冷凝器内制冷剂放热过程，用循环过程线 2s—4 表示；2—3—4′是冷凝器中的定压冷却过程，制冷剂首先被冷却成干饱和蒸气（点 3），并进而冷却为饱和液体（点 4）；

(4) 经节流阀节流过程，用循环过程线 4—5 表示；该过程为绝热节流过程，节流前后制冷剂焓值不变，故点 4、5 在同一条垂直的定焓线上；

(5) 在蒸发器内的吸热相变过程，用循环过程线 5—6 表示；该过程为定压蒸发过程，温度不变，故在图上为一水平线；

(6) 过热度，用循环过程线 6″—6 表示；过冷度，用循环过程线 4′—4 表示；

(7) 吸气管进入压缩器的吸气过程，用循环过程线 6—1 表示。

热力计算：

单位质量制冷剂制冷量：

$$q_0 = h_6 - h_5 \tag{6-1}$$

单位质量制冷剂制热量：

$$q_k = h_2 - h_4 \tag{6-2}$$

单位质量压缩机做功：

$$w = h_2 - h_1 \tag{6-3}$$

制热工况 COP：

$$COP = q_k / w = (h_2 - h_4)/(h_2 - h_1) \tag{6-4}$$

为了满足工况要求，初步拟定蒸发温度为 5 ℃，蒸发器过热度为 7 ℃，冷凝温度 55 ℃，制冷剂为 R134A；计算该工况下单机压缩 COP。

通过 SOLKANE 软件可以直接得出每个节点不同的焓值。

h_1=407.70 kJ/kg　　h_2=448.22 kJ/kg　　h_3=448.22 kJ/kg

h_4=279.32 kJ/kg　　h_5=279.32 kJ/kg　　h_6=407.70 kJ/kg

通过上述公式可以得出：

单位质量制冷剂制冷量：

$$q_0 = h_6 - h_5 = 407.70 - 279.32 = 128.38\ (\text{kJ/kg})$$

单位质量制冷剂制热量：

$$q_k = h_2 - h_4 = 448.22 - 279.32 = 168.9\ (\text{kJ/kg})$$

单位质量压缩机做功：

$$w = h_2 - h_1 = 448.22 - 407.70 = 40.52\ (\text{kJ/kg})$$

制热工况 COP：

$$COP = \frac{q_k}{w} = \frac{h_2 - h_4}{h_2 - h_1} = \frac{168.9}{40.52} = 4.17$$

6.2.4　水处理装置选型

具体的矿井排水处理及过滤清理装置的选型需要根据具体情况进行考虑，以下是一些可能适用的设备：

(1) 沉淀池：适用于悬浮物较多、比较浑浊的水质处理。沉淀池将水静置让悬浮物沉淀到底部，然后通过泵抽走上层清水。

(2) 过滤器：适用于悬浮物较少、但溶解物较高的水质处理。过滤器通过过滤介质过滤掉水中的固体颗粒和杂质。

(3) 离心机：适用于悬浮物较多的水质处理，可以将水中的悬浮物和沉淀物分离。离心机通过旋转将水中的固体物质分离，使清水从中间流出。

(4) 活性炭吸附器：适用于水中有机物的处理。活性炭具有良好的吸附性能，可以去除水中的有机物。

(5) 生物反应器:适用于处理比较复杂的水质,如含重金属的水体。生物反应器利用微生物降解水中的污染物质。

(6) 隔膜生物反应器:适用于高浓度有机废水处理及 COD、BOD 等高标准排放要求的废水处理。根据具体情况,还可以选择化学处理、电化学处理等技术。

在选择具体设备时,需要综合考虑水体的污染物质、排放要求、处理量和处理效率等因素,利用专业的水处理系统设计软件进行选型,可以更科学地确定设备的数量和规格,并且能够确保设备的性能和稳定性。

第 7 章　空压机余热利用技术及工程案例

空气压缩机(简称空压机)是一种先将电能转化为机械能,再将机械能转化为空气势能并为其他设备提供动力的能源装置。按工作原理空压机可分为三大类:容积型、动力型(速度型或透平型)、热力型压缩机。目前主要以喷油螺杆式空压机为主,其使用范围较广,可广泛应用于煤矿生产、建筑行业、石油化工、机械制造及其他重要场所。根据相关统计:实际上用于空气势能的增加所消耗的电能,只占空压机总耗电量的 15%,而 85%的电能转化为热量,通过冷却器散发到大气中,如若回收循环再利用,既可使矿井降低能源消耗,又可减少 CO_2 及氮氧化物等污染物的排放,有良好的环境、经济及社会效益。

7.1　空压机热量系统分析

7.1.1　喷油空压机热力学原理

实际空压机压缩过程所做的功处于等温压缩与绝热压缩过程中间,而随着压缩空气最终温度的提高,压缩所消耗的功越来越多。由此可见,在空压机做功时,应尽量降低压缩空气的温度。这也是空压机将润滑油喷向工作腔的重要原因。通过对实际工作空压机的实验得知,对空压机实际余热回收的效果有重要影响的参数主要有以下几点:

(1) 空压机的排气温度,温度越高,空压机余热利用效果越差。

(2) 润滑油的喷油量,喷油量越大,换热温差越大,效果越好。

(3) 空压机压缩效果和换热效果,不仅受空压机润滑油的喷入温度,同时受喷油量和油冷却器的影响。

7.1.2　空压机工作热量分析

空压机内部产热有:电机发热所产生的对流散热量 Q_{dj},空压机外表面散去热量 Q_{df},润滑油和管路散去的热量 Q_{yf},油冷却器和外界交换的热量 Q_{yl},后冷却器与外界交换的热量 Q_{hl},压缩空气温度差引起的热量 Q_{kq},油冷却散热量 Q_{ys},后冷却器的散热消耗量 Q_{qs}和冷凝水的散热量 Q_{ds}。这些散热可分为两种,即冷凝水的热量差和可利用的热量,主要包括油冷却器散热量、后冷却器散热量。

由图 7-1 可以看出空压机的热量总体分布,其中空气的质量流量可以表示为 q_m,所需计

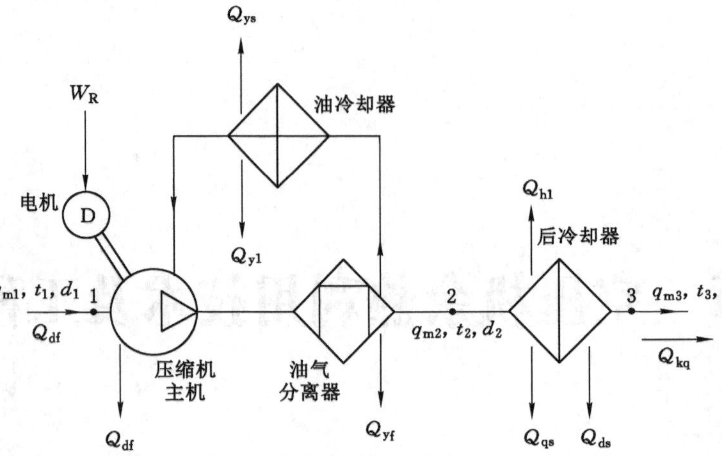

图 7-1　水冷喷油螺杆空压机组的热量分布示意图

算的空气状态参数分别设在空压机进口处、油气分离器出口处以及后冷却器出口处。三处分别在图中表示出。而总的输入能量 W_R 与各处热量相等，其数学关系式如下：

$$W_R = Q_{dj} + (Q_{df} + Q_{yf} + Q_{yl} + Q_{hl}) + Q_{ys} + Q_{qs} + Q_{kq} \tag{7-1}$$

空气压缩机内部各设备的表面与环境的对流散热量可由对流换热计算公式计算出：

$$Q = \alpha F \Delta t_m \tag{7-2}$$

式中　Q——各表面换热量，kW；

α——表面对流换热系数，$kW/(m^2 \cdot K)$；

F——表面换热面积，m^2；

Δt_m——平均换热温差，℃。

从外界吸入经空压机的空气并非干空气，而空气含湿量在空压机各个部分的数值不同，其计算表达式如下：

$$d = 0.622 \frac{\varphi p_{q,b}}{p_a - \varphi p_{q,b}} \tag{7-3}$$

式中　d——湿空气的含湿量，kg/kg(干空气)；

φ——湿空气的相对湿度，%

$p_{q,b}$——饱和湿空气的水蒸气分压力，Pa；

p_a——湿空气的压力，Pa。

湿空气焓值的计算公式如下：

$$h = 1.01t + d(2\,500 + 1.84t) \tag{7-4}$$

式中　h——湿空气的比焓，kJ/kJ；

d——湿空气的含湿量，kg/kg(干空气)；

t——湿空气的温度，℃。

在压缩空气冷凝器中，空气中水蒸气冷凝成液态水，则释放的热量表达式为：

$$Q_{ds} = q_m(d_1 - d_3)\gamma \tag{7-5}$$

式中　Q_{ds}——水蒸气冷凝潜热量；

q_m——干空气的质量流量，kg/s；

γ——饱和水的汽化潜热，取 2 407 kJ/kg。

下标 1、3 则代表图 1、3 两点的空气状态参数。

从进入空压机到排出空压机，到达油气冷却器之前的这部分压缩过程，空气温度上升，内能增加，增加热量即为空气带走的热量，计算表达式为：

$$Q_{kq}=q_m[1.01(t_3-t_1)+1.84(t_3-t_1)] \tag{7-6}$$

压缩空气随后进入后冷却器，在后冷却器内降温，则气体散热量的计算公式可表达为：

$$Q_{qs}=q_m(h_2-h_3)-Q_{ds}-Q_{hl} \tag{7-7}$$

然后，可由平衡关系式计算出油冷却器消散掉的热量：

$$Q_{ys}=W_R-Q_{dj}-(Q_{df}+Q_{yf}+Q_{yl}+Q_{hl})-Q_{qs}-Q_{kq} \tag{7-8}$$

最后，就可以将理论上可以加以利用的三部分热量相加计算出其值：

$$Q_{ua}=Q_{ys}+Q_{qs}+Q_{ds} \tag{7-9}$$

将计算所得的数值与输入功率相比，即可获得可用热量占比，以及各部分设备热量占比，这样可针对空压机结构进行分析，了解其各部分消耗的热量的可利用性。

7.2 工程案例

7.2.1 工程概况

空压机余热的产生原理是空气通过进气过滤器将大气中的灰尘或杂质滤除后，由进气控制阀进入压缩机主机，在压缩过程中与喷入的冷却润滑油混合，经压缩后的混合气体从压缩腔排入油气分离器，从而分别得到高温高压的油、气。由于机器工作温度的要求，这些高温高压的油、气必须送入各自的冷却系统，其中压缩空气经冷却器冷却后，最后送入使用系统，而高温高压的润滑油经冷却器冷却后，返回油路进入下一轮循环。

因此，空压机运转消耗的电能，仅有15%的能量转换为空气势能用于做功，其余85%的能量转换为热能。热能中的2%辐射到环境中，4%在压缩空气中损失，9%在电机中散失，13%存在于气冷却系统，72%存在于油冷却系统，大部分可以进行回收的热量主要存在于后两部分。在以上过程中，高温高压的油、气所携带的热量大致相当于空气压缩机功率的1/4，其温度通常在 80～100 ℃之间。空压机通过其自身的散热系统来给高温高压的油、气降温的过程中，大量的热能就被无端地浪费了。

空压机的余热回收如下：一是将空压机的冷却油或高温气体接入换热设备，通过同水的换热将空压机产生的热量回收并产生热水；二是用于循环加热冷水补充到水箱内，同余热回收设备进行循环加热。当温度达到设定温度时，再由供水泵泵到远处用水点。用水处的水位再加装一个全自动水位控制器。当水位低于下水位时，电磁阀接通为供水处补水。当水位浮标达到要求时，电磁阀关闭，停止上水。

本节选定某一特定运行的空压机，确定了此空压机站的型号和运行参数，测量运行参数，对此空压机进行实际热量计算，并计算各部分热量占比。本章 2.3 节已经列出计算所需的基本相关参数和计算热力状态的计算公式，根据这些公式可进行具体实例分析。

现有 2 台在役的喷油螺杆空压机，功率为 315 kW，产气量为 60 m^3/min，空压机吸入的空气温度为环境温度，可设为 25.5 ℃，空气相对湿度设置为 41%，进气压力一般为大气压，

100 kPa。最后，压缩空气进入油气分离器时温度为 80 ℃，通过后冷却器后温度为 43 ℃。除去空气中水蒸气后，空压机各部分设备的对流散热表面积分别如下：空压机主机表面积为 3.5 m^2，润滑油各部分管路表面积为 3.5 m^2，空压机后冷却器和油冷却器的表面积各自约为 2.5 m^2。测得各表面的温度为 60 ℃，自然对流的对流换热系数一般可设为 8 W/(m^2·℃)，根据电动机铭牌可知其输出效率 η 为 94.8%。

通过计算可以得到空压机各部分热量估算结果，空压机电动机所消耗的热量占输入功率的 5.2%，主要由空压机内置电动机的效率所决定；空压机可与外界空气进行自然对流的表面所散发的总热量占比为 1.44%，其中空气压缩机的后冷却器表面散发热量占比约为 0.30%，由压缩空气前后温度变化可知引起的热量转移占比约为 5.5%；后冷却器内水蒸气冷凝放热量占比为 4.17%；后冷却器冷却带走压缩空气的热量占比约为 17.66%；最大散热量发生在空压机内，由润滑油循环系统带走，占比约为 70.20%。

7.2.2 空压机余热基本参数

本次换热器设计，以这台空压机润滑油所形成的温差为热量进行设计利用。

在对空压机进行热量分析后，可知润滑油在换热器进口处的温度为 80 ℃。对于一般的润滑油，若其在空压机内的喷油温度过高，则会因润滑油品质问题，导致润滑油在工作腔内发生碳化问题，严重时影响空压机的正常运行，所以一般而言，润滑油在空压机的喷油温度限定在 60～80 ℃，不宜过高，此处设其温度为 80 ℃，此温度也是润滑油在板式换热器中的出口温度。

在空压站余热回收系统设计中，余热回收的利用设定在矿职工的生活用水可用于洗浴热水，故管壳式换热器的冷却水出水温度可设为 45 ℃，且不宜过低，以便在空压机功率下降导致可利用余热下降时有调节余地。对于换热器冷却水进口处温度可设为自来水平常温度，故取冬季自来水温度，设为 10 ℃。

7.2.3 空压机余热计算

根据煤矿中央空压机站正常运行时开启两台(315 kW)，每天可回收的总热量为：

$$Q_h = P_N \cdot n \cdot \eta \cdot \eta_F \tag{7-10}$$

式中 Q_h——可回收的热量，kW；

P_N——空压机的额定功率，kW；

n——运行台数；

η——代表油、气所带走热量占比，油所带走的热量的占比 70%，气所带走的热量的占比 22%；

η_F——空压机的负载率，80%。

空压机油带走可利用的热量为：

$$Q_{油} = 315 \times 2 \times 0.7 \times 0.8 = 352.8\ (\text{kW})$$

空压机气带走可利用的热量为：

$$Q_{气} = 315 \times 2 \times 0.22 \times 0.8 = 110.88\ (\text{kW})$$

$$Q_h = Q_{h油} + Q_{h气} = 312.8 + 110.88 = 463.68\ (\text{kW})$$

7.2.4　洗浴用热负荷计算

洗浴用水量根据《建筑给水排水设计规范》，公共浴室 60 ℃用水量 60 L/人次，由热量守恒换算成 45 ℃洗浴用水量 93.6 L/人次，某矿每班 350 人次工作，共三班，一天最大洗浴人数 1 200 人，则每天洗浴用水量为 112.32 m^3/d。换热时间按 18 小时，加热到 45 ℃，需要热负荷可计算如下：

$$Q_r = \alpha \cdot \frac{\rho G c_p (t_o - t_i)}{3\,600hn}$$

$$= 1.2 \times \frac{1\,000 \times 112.32 \times 4.2 \times (45.0 - 10.0)}{3\,600 \times 6 \times 3} = 305.76\ (\mathrm{kW}) \tag{7-11}$$

式中　Q_r——洗浴热水加热负荷，kW；

G——洗浴供水流量，t/d；

c_p——水比热容，kJ/(kg · ℃)，取 4.2 kJ/(kg · ℃)；

t_o——加热后出水温度，℃，取 45.0 ℃；

t_i——加热进水温度，℃，设计取 10.0 ℃；

α——余度系数，传热损失等，本设计取 1.2；

ρ——水密度，kg/m^3；

h——加热机组运行时间，取 6 h；

n——加热班次，3 次。

7.3　空压机单油热回收方案

7.3.1　工艺路线

该系统是一套以空压机余热回收为核心的热水供应系统，主要由空压机组、余热回收机组、水处理与供水系统构成。两台空压机在运行过程中产生大量热量，热量通过油冷却器和空气冷却器排出。经过油气分离器分离出来的 80 ℃的高温油直接进入余热回收机组中，在余热回收机组中与经过软化的自来水进行换热后变为 60 ℃回到油冷却器，达到设定的温度后继续使用；经过软化的 10 ℃自来水在余热回收机组中经油加热至 45 ℃之后进入保温水箱中，保温水箱中 45 ℃的热水直接供至浴室。空压机余热利用系统流程如图 7-2 所示。

7.3.2　空压机余热换热器设计计算(油-水)

按照运行 2 台空压机计算，余热回收功率为 315 kW，利用回收的热量制取洗浴热水，设计自来水温度为 10 ℃，洗浴热水温度为 45 ℃，单台换热器流量为 3.2 m^3，润滑油的温度为 80 ℃，流量为 362.25 L/min。

1. 流体流动途径的确定

该换热器处理的是两流体均不发生相变的传热过程，且均不易结垢，根据两流体的情况，选择润滑油走换热器的管程，循环水走壳程。

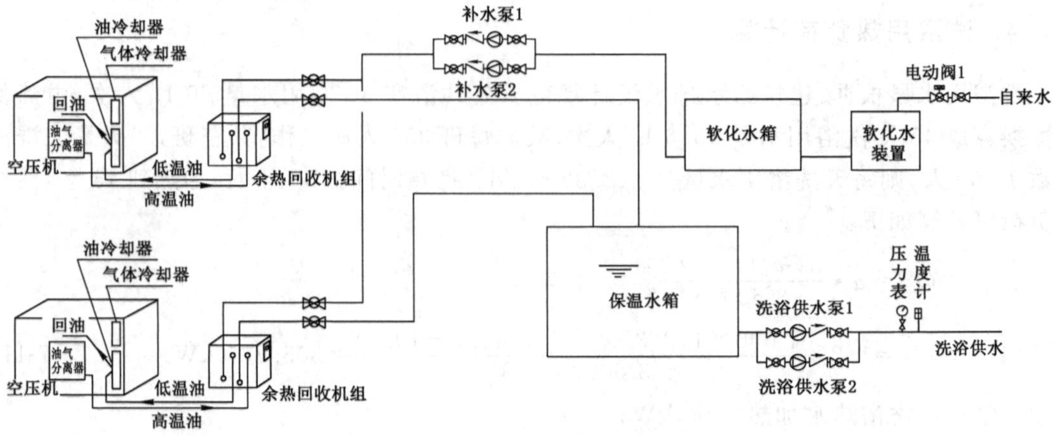

图 7-2　空压机余热利用系统流程

2. 确定流体的定性温度、物性参数

冷却介质为循环水，取入口温度：10 ℃，出口温度：45 ℃

油的定性温度：$T_m=(80+60)/2=70$ ℃

水的定性温度：$t_m=(45+10)/2=27.5$ ℃

两流体的温差：$T_m-t_m=70-27.5=42.5$ ℃，由于两流体温差不大于 50 ℃，故选用管壳式换热器。查手册得流体物性参数，具体见表 7-1。

表 7-1　流体物性表

物性流体	密度 ρ/(kg/m³)	比热容 c_p/[kJ/(kg・℃)]	黏度/(mPa・s)	导热系数 λ/[W/(m・℃)]
油	744	2.33	0.604 5	0.102 8
水	1 000	4.2	1.01	0.5

3. 计算热负荷和冷却水流量

$$Q=M_1c_{p1}(T_1-T_2)\eta=362.25\times\frac{744}{1\ 000}/60\times2.33\times(80-60)\times98\%=205.14\ (\text{kW})$$

$$M_2=\frac{Q}{c_p(t_2-t_1)}=\frac{205.14}{4.2\times(45-10)}=1.40\ (\text{kg/s})$$

式中　Q——热负荷，kW；

M_1——润滑油质量流量，m³/s；

c_{p1}——润滑油的比热容，KJ/(kg・℃)；

T_1——润滑油入口温度，℃；

T_2——润滑油出口温度，℃；

M_2——循环水质量流量，m³/s；

c_p——循环水的比热容，kJ/(kg・℃)；

t_1——循环水入口温度，℃；

t_2——循环水出口温度，℃；

η——换热器效率，取 98%。

4. 计算两流体的平均温差

$$\Delta t_m=\frac{\Delta t_{max}-\Delta t_{min}}{\ln\frac{\Delta t_{max}}{\Delta t_{min}}}=\frac{(80-45)-(60-10)}{\ln\frac{(80-45)}{(60-10)}}42.05\ (℃)$$

5. 初选总传热系数

根据低温流体为水，高温流体为导热油，假设 $K'=500\ W/(m^2\cdot ℃)$。

6. 估算换热面积

$$F'=\frac{Q}{K'\times\Delta t_m}=\frac{205.14}{0.500\times 42.05}=9.75\ (m^2)$$

估算传热面积

7. 初选换热器规格

选用立式固定管板式换热器：公称直径 D:325 mm；公称换热面积 S:10.0 m²；管程数 N:2；管子根数 n:88；中心排管数：10；管长：2 000 mm；管子直径：ϕ19 mm×1 mm；管子排列方式：正三角形。

8. 核算总传热系数

(1) 计算管程对流传热系数 α_i

$$A_i=\frac{n}{2}\times\frac{\pi}{4}\times d_i^2=\frac{88}{2}\times\frac{\pi}{4}\times 0.017^2=0.009\ 98\ (m^2)$$

$$\omega_1=\frac{V_s}{A_i}=\frac{362.25/(1\ 000\times 60)}{0.009\ 98}=0.60\ (m/s)$$

$$Re_i=\frac{d_i\omega_1\rho_1}{\mu_1}=\frac{0.017\times 0.60\times 744}{0.604\ 5\times 10^{-3}}=1.255\ 4\times 10^5(\text{湍流})$$

$$Pr_i=\frac{c_{p1}\mu_1}{\lambda_1}=\frac{2.33\times 10^3\times 0.604\ 5\times 10^{-3}}{0.102\ 8}=13.70$$

$$\alpha_i=0.023\frac{\lambda}{d_i}Re^{0.8}Pr^{0.3}=0.023\times\frac{0.5}{0.017}\times(1.255\ 4\times 10^5)^{0.8}\times(13.7)^{0.3}$$
$$=17\ 794.7\ [W/(m^2\cdot ℃)]$$

(2) 计算壳程对流传热系数 α_0

换热器中心附近管排中流体流通截面积为：

$$A_2=hD\left(1-\frac{d_o}{t}\right)=0.1\times 0.325\times\left(1-\frac{0.019}{0.025}\right)=0.007\ 8\ (m^2)$$

式中 h——折流挡板间距，取 100 mm；

t——管中心距，对 ϕ19×1 mm，t=25 mm。

因为 M_2=1.40 kg/s，所以

$$\omega_2=\frac{V_s}{A_0}=\frac{1.40}{1\ 000\times 0.007\ 8}=0.18\ (m/s)$$

由正三角形排列得：

$$d_e=\frac{4(\frac{\sqrt{3}}{2}t^2-\frac{\pi}{4}d_o^2)}{\pi d_o}=\frac{4\times(\frac{\sqrt{3}}{2}\times 0.025^2-\frac{3.14}{4}\times 0.019^2)}{3.14\times 0.019}=0.017\ (m)$$

$$Re_0=\frac{d_e\omega_2\rho_2}{\mu_2}=\frac{0.017\times 0.18\times 1\ 000}{1.01\times 10^{-3}}=3\ 029.70$$

因为 Re 在 $2\times10^3\sim1\times10^6$ 范围内，故可用下式计算 α_0：

$$\alpha_0 = 0.36\times\frac{\lambda_2}{d_e}(Re_0)^{0.55}(Pr_0)^{\frac{1}{3}}\Phi_\mu$$

其中
$$Pr_0 = \frac{c_{p2}\mu_2}{\lambda_2} = \frac{4.2\times10^3\times1.01\times10^{-3}}{0.5} = 8.5$$

壳程中水被加热，取 $\phi_\mu=1.05$，所以

$$\alpha_0 = 0.36\times\frac{0.5}{0.019}\times(3\,029.70)^{0.55}(8.5)^{\frac{1}{3}}\times1.05 = 1\,668.34\ [\mathrm{W/(m^2\cdot{}^\circ C)}]$$

(3) 确定污垢热阻

管内、外侧污垢热阻分别取为：

$$R_{si}=0.000\,2\ \mathrm{m^2\cdot{}^\circ C/W}(\text{油}),R_{so}=0.000\,17\ \mathrm{m^2\cdot{}^\circ C/W}(\text{水})$$

(4) 总传热系数 K_0

因为苯为有机物，管子材料选用不锈钢，取其导热系数为 $\lambda_w=16.5\ \mathrm{W/(m\cdot{}^\circ C)}$，总传热系数 K_0 为：

$$K_0 = \frac{1}{\dfrac{1}{\alpha_0}+R_{so}+R_{si}\dfrac{d_o}{d_i}+\dfrac{d_o}{\alpha_i d_i}}$$

$$= \frac{1}{\dfrac{1}{1\,668.34}+1.7\times10^{-4}+2.0\times10^{-4}\times\dfrac{19}{17}+\dfrac{26}{2\,820.27\times17}}$$

$$= 651.37\ \mathrm{W/(m^2\cdot{}^\circ C)}$$

由前面计算可知，选用该型号换热器时，要求过程的总传热系数为 $500\ \mathrm{W/(m^2\cdot{}^\circ C)}$，在传热任务所规定的流动条件下，计算出的 K_0 为 $651.37\ \mathrm{W/(m^2\cdot{}^\circ C)}$，其安全系数为：

$$\frac{651.37-500}{500}\times100\%=30.27\%$$

故所选择的换热器面积是合适的。

9. 阻力计算

(1) 计算管程压降

$$\sum\Delta p_i = (\Delta p_1+\Delta p_2)F_1N_pN_s$$

其中 F_t 为结垢校正系数，N_p 为管程数，N_s 为壳程数。

取碳钢的管壁粗糙度为 0.1 mm，则 $\varepsilon/d=0.005$，而 $Re_i=1.255\,4\times10^5$，于是

$$\lambda = 0.012\,27+\frac{0.754\,3}{Re^{0.38}} = 0.012\,27+\frac{0.754\,3}{(1.255\,4\times10^5)^{0.38}} = 0.021$$

$$\Delta p_1 = \lambda\frac{L}{d_i}\frac{\rho_1\omega_1^2}{2} = 0.021\times\frac{2}{0.017}\times\frac{744\times0.60^2}{2} = 331\ (\mathrm{Pa})$$

$$\Delta p_2 = 3\times\frac{\rho_1\omega_1}{2} = 3\times\frac{744\times0.60^2}{2} = 402\ (\mathrm{Pa})$$

对 $\phi19\times1$ mm 的管子有 $F_1=1.4,N_p=2,N_s=1$，则

$$\sum\Delta p_i = (\Delta p_1+\Delta p_2)F_tN_pN_s = (331+402)\times1.4\times2\times1 = 2\,052.4\ (\mathrm{Pa})$$

(2) 计算壳程压降

$$\sum\Delta p_0 = (\Delta p'_1+\Delta p'_2)F_sN_s$$

其中 $F_s=1.15$，$N_s=1$，

$$\Delta p'_1=Ff_0n_c(N_B+1)\frac{\rho_2\omega_2^2}{2}$$

管子为正三角形排列，取 $F=0.4$

$$n_c=1.19\sqrt{n}=1.19\times\sqrt{88}=11$$

取折流挡板间距 $h=0.15$ m

折流挡板数：

$$N_B=\frac{L}{h}-1=\frac{4.5}{0.15}-1=29$$

壳程流通面积：

$$A'_2=h(D-n_cd_o)=0.15\times(0.325-11\times0.019)=0.017\ 4\ (\mathrm{m^2})$$

$$\omega'_2=\frac{M_2}{A'_2}=\frac{1.4}{1\ 000\times0.017\ 4}=0.08\ (\mathrm{m/s})$$

$$Re'_0=\frac{d_o\omega_0\rho_2}{\mu_2}=\frac{0.019\times0.2\times744}{0.604\ 5\times10^{-3}}=4\ 677>500$$

$$f_0=5.0Re'^{\,0.228}_0=0.5\times4\ 677^{-0.228}=0.73$$

$$\Delta p'_1=0.4\times0.73\times11\times(29+1)\times\frac{744\times0.08^2}{2}=229\ (\mathrm{Pa})$$

$$\Delta p'_2=N_B(3.5-\frac{2h}{D})\frac{\rho_2\omega_2^2}{2}=29\times(3.5-\frac{2\times0.1}{0.325})\times\frac{744\times(0.08)^2}{2}=199\ (\mathrm{Pa})$$

$$\sum\Delta p_0=(229+199)\times1.15\times1=492.2\ (\mathrm{Pa})$$

由上面计算可知，该换热器管程与壳程的压强均满足题目要求，故所选换热器合适。

第 8 章 矿井洗浴废水热能利用技术及工程案例

8.1 工程背景

8.1.1 工程概况

该项目位于河南省某寒冷地区采煤矿区，该地区较为偏远，经过经济技术分析，拟采用污水源热泵机组提取矿区浴室洗浴废水中的低温热能作为洗浴用水的热源。由项目提供资料可知：该矿区实行三班制，每班洗浴人数 300 人，淋浴器用水定额为 120 L/(人·h)，浴池用水定额为 700 L/m^2，浴室内设置 4 m^2 的浴池 2 个，洗浴时间为 1 h，则每班用水量为 41.6 m^3/h；给水由地下水供应，水温取 10 ℃，热水使用水温为 40 ℃，洗浴用水密度为 997.04 kg/m^3，每班用水量的质量流量为 11.55 kg/s；淋浴系统设有热水给水箱，采用单管系统，淋浴废水流量为 36 m^3/h，淋浴废水进口温度为 35 ℃，出口温度为 19.5 ℃，洗浴废水密度为 996.45 kg/m^3，洗浴废水质量流量为 10.48 kg/s。

8.1.2 洗浴用热负荷匹配计算

1. 洗浴用水热负荷量计算

$$Q_1=c_1\rho_1V_1\Delta T_1=4.191\times997.04\times41.6\times(40-10)=5\ 214\ 886.11\ (\text{kJ/h})$$
$$=1\ 448.58\ (\text{kW})$$

式中 c_1——洗浴用水的比热容，$c_1=4.191$ kJ/(kg·℃)；

ρ_1——洗浴用水密度，kg/m^3；

V_1——洗浴用水体积流量，m^3/h；

ΔT_1——洗浴用水与地下水温度差，℃。

2. 洗浴废水中可提取热量

$$Q_2=c_2\rho_2V_2\Delta T_2=4.174\times996.45\times36\times(35-19.5)=2\ 320\ 823.7\ (\text{kJ/h})=644.67\ (\text{kW})$$

式中 c_2——淋浴废水的比热容，$c_2=4.174$ kJ/(kg·℃)；

ρ_2——淋浴废水密度，kg/m^3；

V_2——淋浴废水体积流量，m^3/h；

ΔT_2——淋浴废水进出污水源热泵机组机房的温差,℃。

根据文献提供资料显示,该温度范围内,污水源热泵机组的年平均 COP 值取 4.64(见 8.2.3 节),则洗浴废水中赋存的可利用的热量为:

$$Q_3 = Q_2 \times \frac{\text{COP}}{\text{COP}-1} = 644.67 \times \frac{4.64}{4.64-1} = 821.78\ (\text{kW})$$

由以上分析可知:淋浴废水可回收利用的热量 Q_3 小于洗浴用水热源所需热量 Q_1,故需采用其他热源补充加热,该矿区利用空压机的冷却水作为补充热源,以满足洗浴用水热量需求。

8.2　洗浴废水余热利用耦合热泵技术

洗浴废水余热利用耦合热泵技术是一种能有效利用洗浴废水中的热能的方法。该技术利用热泵,将废水中的低温热能转化为高温热能,以供其他热能的需求。根据上述工程背景,按其工艺路径,对热泵系统各设备进行设计计算及选型。

8.2.1　工艺路线

1. 污水源热泵系统的原理

洗浴后的废水具有较高的排水温度且温度相对恒定,根据逆卡诺循环原理,将洗浴处理供水与洗浴冷水供水进行换热,其过程如图 8-1 所示。洗浴处理供水经过预热器与洗浴冷水供水进行一级换热,洗浴处理供水温度从 35 ℃降低至 29.5 ℃,同时洗浴冷水供水温度由 10 ℃升高至 15 ℃;从预热器出来的洗浴处理供水在经过换热器二级换热后温度从 30 ℃降低至 19.5 ℃,将降温后洗浴处理供水排放至矿区污水管网,而从预热器出来的洗浴冷水供水经过冷凝器后温度由 15 ℃提高至 40 ℃,完成二级换热变为洗浴热水供水,储存在保温水箱供职工洗浴使用。图中框选区域为污水源热泵机组,制冷剂在其中循环,低温高压的液态制冷剂经过膨胀阀后成为低温低压的液态制冷剂,进入蒸发器吸收洗浴废水的热量 Q_2 后,成为高温低压的蒸汽进入压缩机(输入电量所产生的热量为 Q_4),压缩后成为高温高压的制冷剂进入冷凝器,放热后成为低温高压的液态制冷剂,完成一个循环。

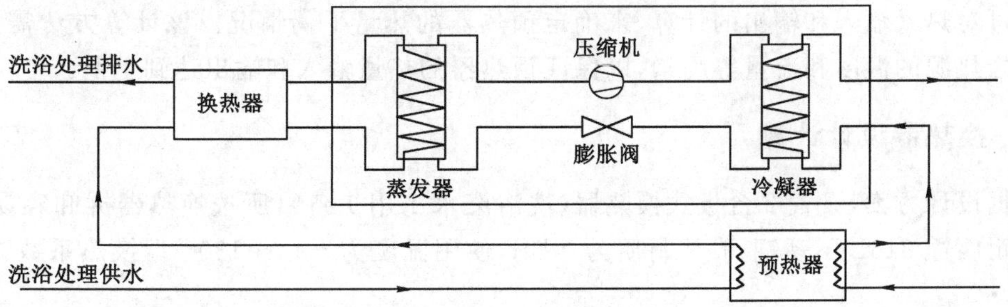

图 8-1　热泵系统原理图

2. 污水源热泵系统流程

污水源热泵从污水中提取热量后最终将热量传递到用户终端的过程,大致可分为 4 个阶段:

第一阶段，冷水经过预热器从污水中先吸收一部分热量完成一级热交换；

第二阶段，制冷剂在蒸发器内从通过换热器的污水中吸收热量蒸发，完成二级热交换；

第三阶段，吸收了污水热量的制冷剂进入压缩机，形成高温高压气体；

第四阶段，形成的高温高压气体制冷剂进入冷凝器中并释放热量，且释放的热量传递到末端系统内的水中，接收到热量的循环水将热量释放到系统末端的用户室内，完成供热。

3. 系统温度调控

(1) 热平衡方程式

$$q=G_1c_1(T_1-t_1)=G_2c_2(t_2-T_2)$$

式中 G_1、G_2——热、冷流体的质量流量，kg/s；

c_1、c_2——热、冷流体的比热容，J/(kg·℃)；

T_1、T_2——热、冷流体的进口温度，℃；

t_1、t_2——热、冷流体的出口温度，℃；

G_1c_1、G_2c_2——热、冷流体的热容量，W/℃。

(2) 调控机制

已知洗浴处理供水进预热器时的初始温度 $T_1=35$ ℃，出口温度 t_1 待定，热流体的质量流量 $G_1=10.48$ kg/s，此时水的比热容 $c_1=4.174$ J/(kg·℃)；洗浴供水冷水进预热器时的初始温度 $T_2=10$ ℃，出口温度 $t_2=15$ ℃，冷流体的质量流量 $G_2=11.55$ kg/s，水的比热容 $c_2=4.191$ J/(kg·℃)。

由上述公式可得：

$$q=G_1c_1(T_1-t_1)=G_2c_2(t_2-T_2)$$

$$t_1=T_1-\frac{G_2c_2(t_2-T_2)}{G_1c_1}=35-\frac{11.55\times4.191\times(15-10)}{10.48\times4.174}=29.5\ (℃)$$

$$q=10.48\times4.174\times(35-29.5)=240.59\ (\mathrm{kW})$$

通过上述公式可以计算得出热流体的出口温度。利用这个公式可以通过调整冷流体的进口温度来间接地控制热流体的出口温度。这是一种常见的工程实践方法，可以在一些工业过程中使用，帮助实现需要的温度控制效果，例如在热交换器中调节流体的温度。通过调整冷流体的进口温度，可以影响热交换的效果，从而间接地控制热流体的出口温度。

通过对热量输入和输出的计算，来确定预热器的热量平衡情况。该计算方法需要考虑预热器内热源的温度和流量等因素，以保证预热器的热量输入和输出达到平衡。

8.2.2 换热器设计计算

根据设计方案，设置2台板式换热器（洗浴废水1用1备），所选换热器拆卸容易，板片材质为耐腐蚀316L不锈钢，胶垫材质为NBR，使用温度为－15～130 ℃，换热系数＞5 000 W/(m²·℃)。

通过上述条件初选某厂板式换热器，洗浴废水排水量为36 m³/h，洗浴废水进板式换热器的温度为29.5 ℃，洗浴废水出板式换热器的温度为19.5 ℃；循环水进入板式换热器的温度为15 ℃，循环水出板式换热器的温度为23 ℃。

(1) 已知工艺参数

热侧：$t'_1=29.5$ ℃， $t''_1=19.5$ ℃

冷侧：$t'_2=15$ ℃，　$t''_2=23$ ℃

(2) 物性数据

热侧在平均温度 $t=\dfrac{(29.5+19.5)}{2}=24.5$ (℃)下取值：

$\rho_1=997.17\ \mathrm{kg/m^3}$

$c_{p1}=4.182\ \mathrm{kJ/(kg\cdot K)}$

$\lambda_1=0.6063\ \mathrm{W/(m\cdot K)}$

ν_1(流体运动黏度)$=9.028\times10^{-7}\ \mathrm{m^2/s}$

$Pr_1=6.21$

冷侧在平均温度 $t=\dfrac{(15+23)}{2}=19$ (℃)下取值：

$\rho_2=998.4\ \mathrm{kg/m^3}$

$c_{p2}=4.184\ \mathrm{kJ/(kg\cdot K)}$

$\lambda_2=0.597\ \mathrm{W/(m\cdot K)}$

ν_2(流体运动黏度)$=1.036\times10^{-6}\ \mathrm{m^2/s}$

$Pr_2=7.27$

(3) 初选某型板式换热器

流程组合：$\dfrac{2\times24}{2\times24}(Ne=95)$

单板换热面积：$A_0=0.368\ \mathrm{m^2}$

单流道截面积：$A_s=0.0013392\ \mathrm{m^2}$

当量直径：$d_e=0.0072\ \mathrm{m}$

板片厚度：$\delta_p=0.0008$(材料为 18-8 不锈钢)

$Nu=0.349Re^{0.641}Pr^{0.3(0.4)}$

$Eu=107744Re^{-0.695}$(受压流道或称压缩流道)

$Eu=44329Re^{-0.886}$(扩张流道)

(4) 求换热量

板式换热器换热量可采用以下公式计算：

循环水的质量流量　　$q_{m1}=36\times997.17=35898.12$ (kg/h)

$$Q=q_{m1}c_{p1}(t'_1-t''_1)=35898.12\times4.182\times(29.5-19.5)$$
$$=1501259.38\ (\mathrm{kJ/h})=417.02\ (\mathrm{kW})$$

$$q_{m2}=\frac{Q}{(t''_2-t'_2)c_{p2}}=\frac{1501259.38}{(23-15)\times4.184}=44851\ (\mathrm{kg/h})$$

(5) 求对流传热膜系数

① 求流速

$$W_1=\frac{q_{m1}/\rho_1}{3600n_1A_s}=\frac{35898.12/997.17}{3600\times24\times0.0013392}=0.311\ (\mathrm{m/s})$$

$$W_2=\frac{q_{m2}/\rho_2}{3600n_2A_s}=\frac{44851/998.4}{3600\times24\times0.0013392}=0.388\ (\mathrm{m/s})$$

② 求 Re

$$Re_1=\frac{d_e W_1}{\nu_1}=\frac{0.007\,2\times 0.311}{9.028\times 10^{-7}}=2\,480.3$$

$$Re_2=\frac{d_e W_2}{\nu_2}=\frac{0.007\,2\times 0.388}{1.036\times 10^{-6}}=2\,696.5$$

③ 求 Nu

$$Nu_1=0.349Re_1^{0.641}Pr_1^{0.3}=0.349\times 2\,480.3^{0.641}\times 6.21^{0.3}=90.5$$

$$Nu_2=0.349Re_2^{0.641}Pr_2^{0.4}=0.349\times 2\,696.5^{0.641}\times 7.27^{0.4}=122.1$$

④ 求 α

$$\alpha_1=Nu_1\frac{\lambda_1}{d_e}=90.5\times\frac{0.606\,3}{0.007\,2}=7\,620.85\ [\mathrm{W/(m^2\cdot K)}]$$

$$\alpha_2=Nu_2\frac{\lambda_2}{d_e}=122.1\times\frac{0.597}{0.007\,2}=10\,124.125\ [\mathrm{W/(m^2\cdot K)}]$$

(6) 求总传热系数

选取污垢热阻为：$R_1=R_2=0.45\times 10^{-4}\ \mathrm{(m^2\cdot K)/W}$

$$K=\left(\frac{1}{\alpha_1}+R_1+\frac{\delta_p}{\lambda_p}+R_2+\frac{1}{\alpha_2}\right)^{-1}$$

$$=\left(\frac{1}{7\,620.85}+0.45\times 10^{-4}+\frac{0.000\,8}{16.3}+0.45\times 10^{-4}+\frac{1}{10\,124.125}\right)^{-1}$$

$$=3\,125.1\ [\mathrm{W/(m^2\cdot K)}]$$

(7) 求传热平均温差

$$\Delta t_{max}=29.5-19.5=10\ (℃)$$

$$\Delta t_{min}=23-15=8\ (℃)$$

$$\Delta t_m=\frac{\Delta t_{max}-\Delta t_{min}}{\ln\frac{\Delta t_{max}}{\Delta t_{min}}}=\frac{10-8}{\ln\frac{10}{8}}=8.96\ (℃)$$

(8) 求传热面积

根据 $Q=KA\Delta t_m$ 得
$$A=\frac{Q}{K\Delta t_m}=\frac{417\,020}{3\,125.1\times 8.96}=14.89\ (\mathrm{m^2})$$

8.2.3 热泵选型设计

在实际项目中，冷凝器的出水温度不同，大多数冷凝器进出水温度分别为 50 ℃、40 ℃，拟定蒸发温度为 2 ℃，蒸发器过热度为 7 ℃，冷凝温度为 45 ℃，制冷剂为 R143A，等熵效率为 0.8，应用 Solkane 软件对热泵进行选型设计。

通过 Solkane 软件可以直接得出每个节点不同的焓值，见图 5-3。

$h_1=395.15$ kJ/kg　$h_2=428.89$ kJ/kg　$h_3=428.89$ kJ/kg

$h_4=272.29$ kJ/kg　$h_5=272.29$ kJ/kg　$h_6=395.15$ kJ/kg

通过上述公式可以得出：

单位质量制冷剂制冷量：

$$q_0=h_6-h_5=395.15-272.29=122.86\ (\mathrm{kJ/kg})$$

单位质量制冷剂制热量：

$$q_k=h_2-h_4=428.89-272.29=156.6\ (\mathrm{kJ/kg})$$

单位质量压缩机做功：

$$w=h_2-h_1=428.89-395.15=33.74\ (\mathrm{kJ/kg})$$

制热工况 COP：

$$\mathrm{COP}=\frac{q_k}{w}=\frac{h_2-h_4}{h_2-h_1}=\frac{156.6}{33.74}=4.64$$

根据以上分析以及建筑场地等综合因素考虑，拟定该项目采用 4 台 HL-765M 型污水源热泵机组，污水源热泵机组的性能参数详见表 8-1，考虑机组需要经常性清洗等因素，设计一台备用机组。

表 8-1　水源热泵机组参数

机组型号	制热量/kW	额定功率/kW	额定能效比	污水侧进出水温度/℃	污水测流量/(m^3/h)	冷水侧进出水温度/℃
HL-765M	765	152	4.64	35/10	36	10/40

采用的 HL-765M 型污水源热泵机组具有以下特点：① 机组的压缩机采用涡旋式压缩机，效率高，噪声小；② 蒸发器采用满液式蒸发器，提高了机组的效率；③ 机组的额定能效比为 4.64；④ 机组内的污水管道采用镍白铜材质，适当地延长了机组的使用寿命。

本系统设计采用并联式连接方式，即 4 台机组共用污水泵等设备及管道；由于系统废水主要来源于井下职工的洗浴，所以废水内煤炭颗粒等杂质比较多，因此系统设置了除砂器，并在除砂器前端污水储水箱的后端设置毛发聚集器。经过过滤等流程，废水还具有结垢性及腐蚀性，但相对于原生污水其性质已减弱，故考虑采用直接式污水源热泵系统，即系统污水经过简单处理之后直接进入污水源热泵机组的蒸发器，直接式污水源热泵系统同间接式污水源热泵系统相比，节省了换热器及其安装费用，同时提高了机组的能效。在系统运行过程中，需要监测除砂器以及毛发聚集器、污水泵等设备的运行状态，以保证污水源热泵机组污水侧的正常运行。

考虑机组的运行稳定性以及污水的不连续性，系统中增设了污水水池。设计采用地下污水水池，其有效容积为 70 m^3。系统中的污水泵采用的是 4 台抗堵性较高的 WP80-38/2 管道型立式污水泵，其性能参数见表 8-2。考虑检修方便等因素，将系统设备置于地下 1 层污水池旁边的专用泵房内。同时在地上污水源热泵机房内设置一套清洗装置用以清洗污水源热泵机组的蒸发器，避免因蒸发器表面结垢以及附着异物所导致的传热效率降低。考虑系统的排水管的承压能力、抗腐蚀性以及表面粗糙度，设计采用 U-PVC 给水管作为污水泵房后的污水管道，机房内的其余管道采用钢塑复合管，既增加了管道的强度，又提高了管道的耐腐蚀性，通过计算，合理选用管道的管径。

表 8-2　水泵参数

水泵型号	流量/(m^3/h)	扬程/m	功率/kW
WP80-38/2	80	22	7.5

为保证系统的稳定、智能化及节能运行，系统多处安装自动化装置，如：

① 当废水经过蒸发器后的温度大于 10 ℃时，不能将废水排放至室外污水管网，需要通过控制管网系统的电动阀门将废水返回至废水箱内；当废水水温不大于 10 ℃时，控制系统开启排水管路的电动阀，系统排水。

② 在蒸发器进出管道上设置压差自动报警装置，压差过大时，需要清洗蒸发器等设备内部。为防止热量损失，污水池至蒸发器的管道以及冷凝器出水的管道、热水水箱、污水水箱均设置保温系统。

8.2.4 蓄热水箱设计

蓄热水箱容积是根据煤矿职工洗浴用水特点来确定的，为满足洗浴用水要求，蓄热水箱容积按日产水量的 65%设计，蓄热水箱的容量至少大于 28 m^3，经设计确定需要 1 台 30 m^3 的热水蓄水箱，根据现场位置确定水箱尺寸为 4 000 mm×3 000 mm×2 500 mm。水箱采用 SUS304 不锈钢以及 SUS316(2B-8 镍)组合形式，即水箱的内板采用 SUS316(2B-8 镍)板材，外板及内部加固、支撑件采用 SUS304 不锈钢。

板材厚度如下：水箱顶部的组合冲压模块板厚 1.5 mm，水箱侧面上部的组合冲压模块板厚 1.5 mm，水箱侧面下部的组合冲压模块板厚 2.0 mm，水箱底部板厚 2.5 mm。

保温材料采用 50 mm 聚氨酯发泡，外敷在不锈钢板保护层。水箱采用模块化设计，考虑清洗、检修需求需距地面 40 mm。

8.2.5 水处理及过滤清理装置选型

为使对回收的洗浴废水更具有针对性，设计人员多次到现场调研和踏勘，并根据提取水样有针对性地配置了水处理、除垢及过滤清理装置。因矿区地下水硬度大，而洗浴热水为开式系统，故必须配置专用除垢系统。

1. 水过滤清理装置

该项目采用矿井水和洗浴废水作为热泵系统的低温热源，水质较复杂。根据采集水样，配置了水过滤清理设备，主要包括全自动清洗过滤器和旋流除砂器，该设备特点如下：

(1) 可实时自动清洗，即当滤网内外压差达到预设值时自动清洗(一般为 0.5 bar)。

(2) 自动清洗时系统不断流，且自动清洗时间仅需数秒，因此对系统运行无影响。

(3) 设备采用模块化结构、多种口径，可适于单机或多机并联使用。

(4) 采用多种控制方式，可根据压差或设定时间，以及手动方式进行自清洗，也可设定连续清洗功能，并可提供预警信号对清洗次数实现记忆及其他功能等。

(5) 过滤精度范围为 50～100 μm。

全自动过滤器(洗浴废水侧)：选用型号 LFA-100，1 台；进出口管径 DN25，外形尺寸 $H \times D$=1 500 mm×400 mm，最大处理水量 60 m^3/h。

2. 水处理装置

洗浴废水处理装置是一种专门用于处理洗浴废水的设备，它主要用于去除洗浴废水中的有害物质，保护环境和人类健康。洗浴废水处理装置通常包括以下几个主要部分：

(1) 液体分离单元：该单元的作用是将洗浴废水中的固体颗粒和沉淀物与废水分离开来。常见的液体分离装置包括沉淀池、旋流器等。

(2) 生物处理单元：该单元利用生物技术将废水中的有机物质进行降解和处理。常见的生物处理方法包括曝气生物滤池、活性污泥法等。通过生物处理，能够有效地去除废水中的有机物质和氮磷等营养物质，达到净化水质的目的。

(3) 深度处理单元：该单元对经过生物处理后的废水进行进一步的净化和去除残留污染物。常见的深度处理方法包括吸附、氧化等。通过深度处理，可以去除废水中的微量有害物质，提高水质的处理效果。

(4) 消毒单元：该单元对处理后的废水进行消毒处理，以杀灭废水中的病原微生物。常见的消毒方法包括紫外线消毒、氯消毒等。

洗浴废水处理装置的工作原理是将废水通过各个处理单元进行连续处理，最终达到国家和地方规定的排放标准。另外，洗浴废水处理装置的选择和设计应根据具体情况和需求进行，以确保装置的处理效果和稳定性。并且，装置的运行和维护也需要专业的技术人员进行管理和操作。

8.2.6　定压补水及软化水装置

为保证系统正常运行，系统需配备必要的定压补水及软水装置。

定压补水装置(洗浴废水污水源热泵系统)：选用型号为 ZNGS-0.6 的水泵，水泵最大供水量 6.5 m^3/h，扬程 32 mH_2O，单台水泵功率 2.2 kW，附带配电柜和定压罐 1 个，罐体直径 600 mm。

软水装置(洗浴废水污水源热泵系统)：选用型号为 LF5600-1254 的软化水装置，进出管径 DN32，处理水量 2 m^3/h；附软水箱 1 个，尺寸 1 500 mm×1 500 mm×2 000 mm。

8.2.7　系统阀门及管路配置

(1) 阀门：提供的阀门及材料完全满足国家、行业相关标准、规范的要求，并适合该工程特点。所配备的电动阀门均带阀位反馈和手动操作功能，调节用电动阀应为等百分比调节阀，禁止用开关型蝶阀替代。

(2) 管材：热力管道根据管径使用情况选用无缝钢管，洗浴管路选用镀锌钢管。矿井水热源回收系统管路满足防腐要求。热源换热器选型已考虑防腐、防堵塞问题。

(3) 保温材料：室内管道保温均为难燃 B1 级橡塑材料，室外管道做镀锌铁皮防护。冷冻水管道及分/集水器等均需保温，厚度须满足要求。室外管道保温材质为聚氨酯，外层包裹镀锌铁皮，厚度及保温做法满足规范要求。

8.3　洗浴废水余热利用潜力分析

评估矿井洗浴废水余热潜力和对系统性能进行评价是确定是否开发矿井洗浴废水余热利用系统的重要步骤。下面是矿井洗浴废水余热潜力评估和系统性能评价的一般方法和指标：

1. *矿井洗浴废水余热潜力评估*

(1) 了解矿井洗浴废水产生的量，包括流量和温度等参数。

(2) 对废水的温度进行连续监测，了解洗浴废水的温度波动情况。

(3) 评估废水的热量，根据废水的质量流量和温度差计算余热的热量。

(4) 确定余热的可获取程度，包括废水的连续性、可获得的热量和热量分布情况等。

2. 系统性能评价

(1) 确定系统的热负荷需求，即利用余热提供的热量需求。

(2) 选择适当的余热利用技术，如热回收换热器、热泵系统等，根据废水的温度和流量计算系统的换热面积。

(3) 评估系统的能量转化效率，比如热泵系统的 COP。

(4) 考虑系统运行的稳定性和可靠性，包括系统的运行时间、故障频率等指标。

(5) 进行经济性评价，包括投资成本、运行成本和节能收益等因素。

(6) 考虑系统对环境的影响，包括污染物排放、水资源消耗等指标。此外，具体的评价指标可能还包括能量回收比、系统综合能效、单位能耗、CO_2 排放减少量、投资回收期等。

在进行评价时，需要综合考虑系统的技术可行性、经济可行性和环境可行性等方面，并结合实际情况进行评估和比较。同时，还需要参考相关的标准、规范和设计指南，以确保评估结果的准确性和可靠性。

综上所述，矿井洗浴废水余热潜力评估和系统性能评价是评估矿井洗浴废水利用可行性的重要环节，以确定是否开发矿井洗浴废水余热利用系统，并为系统设计和运行提供参考和优化建议。

参考文献

[1] 白金发.重力型分体式热管在矿井余热回收中的应用研究[D].邯郸:河北工程大学,2021.

[2] 白延斌,霍海红,杨立中,等.双碳背景下煤矿热源低碳技术路径的实现[J].西安工程大学学报,2022,36(4):110-117.

[3] 白延斌.矿井回风余热利用喷淋换热系统的优化及应用研究[D].合肥:中国科学技术大学,2022.

[4] 鲍玲玲,陈冬,王景刚,等.一种立式顺喷水-气换热装置:CN205352119U[P].2016-06-29[2024-06-20].

[5] 鲍玲玲,李亚楠.矿井回风余热回收用热管换热器的优化设计[J].煤矿机电,2018,39(1):1-5.

[6] 鲍玲玲,王子勇,赵阳.邢台煤矿空压机余热回收系统改造设计[J].煤炭工程,2019,51(109):26-29.

[7] 鲍玲玲,赵旭,陈冬,等.基于(火积)耗散理论的喷淋室内传热传质性能优化研究[J].工程热物理学报,2018,39(1):17-22.

[8] 鲍玲玲,赵旭,王景刚.喷淋初角对立式喷淋室内传热传质效果的影响[J].暖通空调,2017,47(12):102-107.

[9] 鲍玲玲.矿井回风热能回收热湿传递研究[D].天津:天津大学,2013.

[10] 曹龙.矿井余热回收再利用技术在凉水井煤矿的实践与应用[D].西安:西安科技大学,2020.

[11] 曹龙.煤矿余热资源回收利用技术的特点分析[J].陕西煤炭,2021,40(5):26-30.

[12] 陈纲.矿井空压机节能热回收整体方案设计[J].机械管理开发,2023,38(4):140-142.

[13] 崔海蛟.矿井排风源热能利用技术及应用研究[D].湘潭:湖南科技大学,2014.

[14] 董胜明.ORC 低温发电系统优化理论研究与应用[D].天津:天津大学,2018.

[15] 方彬.热管节能减排换热器设计与应用[M].北京:化学工业出版社,2013.

[16] 傅健.低温热源喷射式电冷联供热力系统分析及实验[D].上海:上海交通大学,2012.

[17] 郭兵杰.亨健矿区矿井水源热泵系统应用研究[D].邯郸:河北工程大学,2014.

[18] 杭铮伍,赵雪华.蒸气压缩制冷中的逆卡诺循环和劳伦兹循环[J].制冷技术,1991,11(2):17-19.

[19] 胡晓俊.空压机余热与热泵联用系统[J].上海节能,2018(12):982-985.
[20] 黄翔.空调工程[M].北京:机械工业出版社,2006.
[21] 蒋慧颖,张铭,闫明.水源热泵系统探讨与应用[J].建筑节能,2007,35(10):14-17.
[22] 李海军,马鸿斌.重力热管换热器的热力分析与设计[J].大连海事大学学报,2012,38(3):133-136.
[23] 李亚楠.矿井回风用热管换热器的应用研究[D].邯郸:河北工程大学,2018.
[24] 李注江,王建学,王景刚,等.热管技术在煤矿回风余热回收方面的应用[J].能源与节能,2014(4):185-187.
[25] 刘纪福.翅片管换热器的原理与设计[M].哈尔滨:哈尔滨工业大学出版社,2013.
[26] 刘见中,孙海涛,雷毅,等.煤矿区煤层气开发利用新技术现状及发展趋势[J].煤炭学报,2020,45(1):258-267.
[27] 刘伟,张杰,刘晓峰,等.东庞矿东风井空压机余热回收系统设计与经济性分析[J].区域供热,2022(1):76-79.
[28] 柳延超.热泵与矿井回风余热回收装置耦合系统的研究[D].邯郸:河北工程大学,2012.
[29] 路膺祚,鲍玲玲,罗景辉,等.矿井回风余热回收用可变导热管的换热分析[J].煤矿安全,2021,52(1):220-225.
[30] 路膺祚,鲍玲玲,赵旭,等.矿用热管换热器析湿工况换热分析[J].煤炭工程,2022,54(3):165-170.
[31] 吕向阳,翟宇,赵旭.整体式热管换热技术在煤矿井口防冻系统中的应用[J].煤炭工程,2021(3):57-61.
[32] 罗景辉,韩子辰,熊楚超,等.赵固煤矿低温余热利用系统优化设计[J].煤炭工程,2022,54(2):31-36.
[33] 罗景辉,熊楚超,魏莹,等.煤矿低温余热应用探究[J].煤炭与化工,2019,42(11):96-99.
[34] 马最良,姚杨,杨自强,等.水环热泵空调系统设计[M].北京:化学工业出版社,2005.
[35] 茅靳丰,陈飞,耿世彬.矿井回风资源利用方式探讨[J].矿业安全与环保,2015,42(2):100-103.
[36] 倪少军,陈明辉,苏明强.间壁式换热器矿井乏风废热利用技术与工程实例研究[J].价值工程,2020,39(7):207-209.
[37] 彭金梅,罗会龙,崔国民,等.热泵技术应用现状及发展动向[J].昆明理工大学学报(自然科学版),2012,37(5):54-59.
[38] 钱颂文.换热器设计手册[M].北京:化学工业出版社,2002.
[39] 任贵阳,鲍玲玲,吕向阳,等.空气源分体式热管-热泵供暖系统在煤矿井口防冻中的特性研究[J].河北工程大学学报(自然科学版),2024(3):93-98.
[40] 任亚棚.污水源热泵系统污水换热器强化传热设计研究及对比分析[D].西安:长安大学,2017.
[41] 撒卫华.溴化锂第一类吸收式热泵的研究及应用[J].洁净与空调技术,2010(2):21-24.
[42] 沈明云.热泵技术与应用[J].工程建设与设计,2022(12):56-58.

[43] 沈群.关于逆卡诺循环及热泵[J].辽宁大学学报(自然科学版),1994,21(2):45-48.
[44] 孙洋.热管换热器回收羊东矿矿井回风热能预热新风的研究[D].邯郸:河北工程大学,2015.
[45] 汤玲玲.矿井回风源热泵系统的设计与性能分析[D].合肥:合肥工业大学,2016.
[46] 王斌斌,仇性启.热管及其换热器在烟气余热回收中的应用[J].工业加热,2006,35(5):37-41.
[47] 王春,肖涌洪,张晏铭.矿用空压机余热高效回收利用技术与应用[J].煤炭科学技术,2015,43(1):142-144.
[48] 王建学,牛永胜,孟杰.一种带喷淋除尘的直接蒸发式矿井回风源热泵系统:CN203657268U[P].2014-06-18[2024-06-20].
[49] 王景刚,高晓霞,杜洪彪,等.矿井水源热泵系统的经济学分析[J].暖通空调,2011,41(12):91-94.
[50] 王景刚,佘军,王建学,等.矿井回风换热器数值模拟[J].制冷与空调,2013,13(3):37-40.
[51] 微雨.实现建筑节能与工业节能"双赢"的新途径[J].建筑节能,2008(2):50-51.
[52] 吴昳,鲍玲玲,吕向阳,等.基于相似理论的矿井回风源分离式热管研究[J].节能,2023(8):54-57.
[53] 吴淼,陈洁,张娜,等.加压管式流变测试系统的设计[J].仪器仪表学报,2008,29(7):1450-1454.
[54] 向艳蕾,杨允,闫文瑞,等.煤矿回风余热资源利用技术现状与展望[J].煤质技术,2021,36(6):77-83.
[55] 熊楚超,罗景辉,魏莹,等.分体式矿井排风余热回收井口防冻系统应用探究[J].煤炭工程,2020,52(12):12-15.
[56] 熊彧可,李程明,纪忠君,等.空气源热泵综述[J].现代制造技术与装备,2021,57(12):172-174.
[57] 徐伟,陈思嘉,何燕,等.热管技术在余热回收中的应用研究进展[J].广东化工,2007,34(2):40-42.
[58] 薛殿华.高速喷水室及其热工计算问题[J].暖通空调,1987,17(5):25-27.
[59] 杨勇.高寒隧道空压机余热回收供暖节能研究与应用[J].价值工程,2022,41(25):136-138.
[60] 姚杨,马最良.浅议热泵定义[J].暖通空调,2002,32(3):33.
[61] 殷光文.美国谷轮公司压缩机应用技术:第一讲空气-空气热泵系统设计[J].制冷技术,2000,20(4):38-42.
[62] 郁履方.关于喷水室中热湿交换效率的研究[J].空调专辑,1987,13(1):26-33.
[63] 张昌建,王景刚,梁界武,等.云驾岭煤矿双水源热泵系统设计[J].暖通空调,2012,42(1):43-46.
[64] 张海涛,孟国营,翟宇,等.矿井泵房远程监控系统的设计[J].煤炭工程,2012,44(8):128-129.
[65] 张杰,张永欢,张昌建,等.套头式热管余热装置的设计与应用[J].暖通空调,2015(9):

54-56.
[66] 张佩芳. 地源热泵在国外的发展概况及其在我国应用前景初探[J]. 制冷与空调，2003，3(3)：12-15.
[67] 张希浩，张姝. 热泵技术应用优缺点及发展动向[J]. 现代商贸工业，2017，38(28)：179-180.
[68] 张永欢. 套头式热管余热回收装置在冀中能源焦化厂的设计与应用[D]. 邯郸：河北工程大学，2014.
[69] 张泽飞，殷卫峰，向艳蕾，等. 煤矿空压机余热利用技术现状与展望[J]. 煤质技术，2022，37(2)：26-30.
[70] 赵荣义，范存养，薛殿华，等. 空气调节[M]. 4 版. 北京：中国建筑工业出版社，2009：66-71.
[71] 赵阳，鲍玲玲，荣雅静，等. 焦化厂粗煤气上升管余热利用实验研究[J]. 煤炭转化，2018，41(3)：71-75.
[72] BAO L L，WANG J Y，WANG J G，et al. The heat recovery technologies of mine waste heat sources[J]. World Journal of Engineering，2017，14(1)：19-26.
[73] CENGEL Y A. 传热学(英文版)[M]. 北京：高等教育出版社，2007.
[74] CHO Y，YUN R. A raw water source heat pump air-conditioning system[J]. Energy and Buildings，2011，43(11)：3068-3073.
[75] FU Y W，TIAN Z C，AMOOZEGAR A，et al. Measuring dynamic changes of soil porosity during compaction[J]. Soil and Tillage Research，2019，193：114-121.
[76] HOLMAN J P. 传热学(英文版)[M]. 9 版. 北京：机械工业出版社，2005.
[77] HUANG Y X，LUO J H，ZHOU Y C，et al. Optimization study of a multi-heat source coupled bathing hot water system[J]. Case Studies in Thermal Engineering，2024，64：105439.
[78] KOYUN A，DEMIR H，TORUN Z. Experimental study of heat transfer of buried finned pipe for ground source heat pump applications[J]. International Communications in Heat and Mass Transfer，2009，36(7)：739-743.
[79] PIECHOWSKI M. Heat and mass transfer model of a ground heat exchanger：validation and sensitivity analysis[J]. International Journal of Energy Research，1998，22(11)：965-979.
[80] WANG J G，DU M X，DU C C，et al. Exergy analysis of mine water source heat pump system[J]. Advanced Materials Research，2010，121/122：980-985.
[81] WANG J G，GAO X X，DU H B. The feasibility analysis of mine water source heat pump system in Xingtai Colliery[C]//2009 2nd International Conference on Power Electronics and Intelligent Transportation System (PEITS). December 19-20，2009，Shenzhen. IEEE，2009：208-211.
[82] ZHU G N，LUO J H，BAO L L，et al. Thermodynamic and thermo-economic analyses of a coupled heat-pump system for low-grade exhaust-air heat exchange in mines[J]. Environmental Technology，2024，45(25)：5318-5331.